NF文庫
ノンフィクション

恐るべき爆撃

ゲルニカから東京大空襲まで

大内建二

潮書房光人新社

まえがき

一九三七年四月、内戦状態のスペイン北部にある小都市ゲルニカで、後世に影響を与える大きな事件が起きた。紛争の一方の勢力となっていたフランコ将軍勢力は、ナチス・ドイツの空軍部隊「コンドル軍団」の支援を受けていた。そしてこのコンドル軍団の爆撃機の編隊がゲルニカを無差別爆撃したのであった。爆撃の目的は新生共和国政府軍の一挙殲滅であった。しかしその結果は多数のゲルニカ市民や避難民を巻き添えにする惨事となったのである。そして同時にゲルニカの街は破壊されたのであった。

この事件は、その後勃発した第二次世界大戦で激化した都市無差別爆撃の始まりともなったのである。

第一次大戦中に急速な発達を遂げた航空機は、戦争が終結してから二一年後に勃発した第二次大戦では、さらなる驚異的な発達を見せることになった。第一次大戦当時の爆撃機の最大爆弾搭載量は一トンが限界であった。しかし第二次大戦ではその一〇倍の一〇トンに達していた。しかもこの大量の爆弾を搭載した数百機の爆撃機が一〇〇〇キロあるいは二〇〇〇キロ先の目標まで運び、一回の爆撃で数千トンもの爆弾や焼夷弾を投下するほどの恐怖の兵器となったのである。

そして爆撃は戦場主体の戦術爆撃から都市や産業地帯を集中爆撃する戦略爆撃へと変化していったのである。それは結果的には都市機能の全面破壊や住民の大量殺戮をも招くことになり、しかもそれが常態化したのである。戦争は悲劇を招くものであるが、爆撃という方法は悲劇を拡大する手段となってしまったのである。

第二次大戦中に展開されたドイツ本土や日本本土に対する爆撃は、爆撃を受ける側は甚大な被害を受けることになるが、一方の爆撃を行なう側の立場に立つと、そこには攻撃する側のさまざまな悲劇が存在するのである。

航空作戦には悲劇はつきものである。攻撃する側の悲劇は作戦の内容により大きく変わる。現実を顧みない楽観的な予測の中で決行される攻撃は成功する確率は極めて低くなるであろう。待ち受けるものはあるいは全滅かもしれない。一方危険を承知で決行する攻撃は予測どおりの危険が待ち受けている。しかしなかには無謀とも思える攻撃を決行しなければならない場合もあるが、そこでは思いもよらない結果を招くこともあり、また予測どおりのことにもなる。

本書では危険を承知で展開された爆撃行の事例や、これまでほとんど知られていなかった爆撃・攻撃行の事例について、攻撃する側と攻撃を受けた側の実態について紹介している。ここで示された爆撃・攻撃行の展開は現代の戦争では見られないであろう。航空機の発達の中で展開された一つの悲劇ではあるのだ。

恐るべき爆撃——目次

まえがき　3
ゲルニカ無差別爆撃　13
杭州上空の悲劇（日本海軍艦上攻撃機隊初の大量被墜）　21
ブレゲー爆撃機隊全滅　29
タラント軍港の奇襲（イタリア海軍最大の悲劇）　37
自由フランス空軍爆撃機中隊全滅　49
ドーバー海峡悲劇の雷撃行　55
ドーリットル空襲　65
ラエ基地爆撃行の悲劇　77
アメリカ海軍雷撃隊全滅　87
ガダルカナル悲劇の雷撃行　93
ルールダム群を壊滅せよ　101
爆撃目標シュヴァインフルト（死の宣告）　111
プロエスチ油田を爆撃せよ　123
ハンブルグ大爆撃　133

ベルリン大爆撃　149
フランティック爆撃作戦（振り子爆撃作戦）　155
ワルシャワ蜂起を援護せよ（爆撃隊の決死の救援活動）　163
ドイツ空軍最後の大航空作戦ボーデンプラッテ　173
ドイツ戦闘機基地を急襲せよ　179
ドレスデン爆撃の惨事　187
神雷攻撃隊出撃　195
エルベ特攻隊全機出撃せよ　203
昭和二十年三月十日、東京大空襲　209
不可解な爆撃　219
日本領土に不時着したアメリカ陸海軍最新鋭機　227
青函連絡船全滅　241
艦上攻撃機「流星」出撃す　247
サイパン・テニアン基地を撃滅せよ　253
あとがき　263

恐るべき爆撃

ゲルニカから東京大空襲まで

ゲルニカ無差別爆撃

ゲルニカとはスペインの小さな都市である。スペイン北部のビスケー湾に面した主要都市ビルバオの東約三〇キロに位置するバスク地方の町である。

この名前が突如世界的に知られるようになったのは、この都市が世界で最初の無差別爆撃の洗礼を受けたことと共に、この事件を題材に近代絵画の巨匠パブロ・ピカソが、巨大な抽象画「ゲルニカ」を描き世に送り出したためであった。

事件は一九三七年四月二十六日に起きた。当時のスペインは長きにわたり続いた王制から共和制に移行した直後で、共和制を推進する人民戦線内閣が設立されると、これに反対するフランコ将軍を柱とする右翼勢力が、スペイン植民地軍を背景に反乱を起こしたのである。

フランコ勢力は侮りがたい勢力を持ち、その大群はたちまち首都のマドリードを占領し、これを機にスペイン全土は新しく設立された共和国政府支持派と、反乱軍（フランコ勢力）

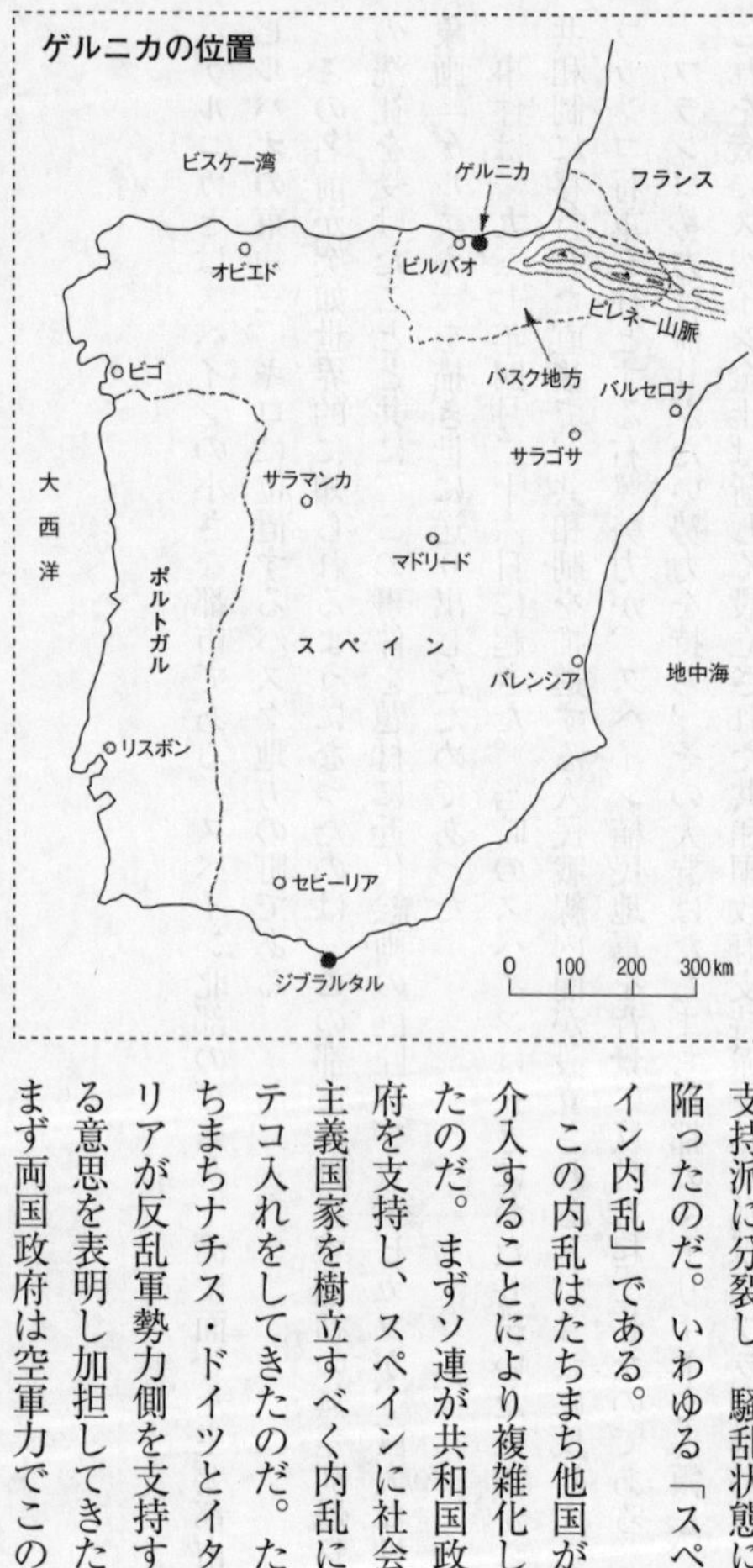

ゲルニカの位置

支持派に分裂し、騒乱状態に陥ったのだ。いわゆる「スペイン内乱」である。

この内乱はたちまち他国が介入することにより複雑化したのだ。まずソ連が共和国政府を支持し、スペインに社会主義国家を樹立すべく内乱にテコ入れをしてきたのだ。たちまちナチス・ドイツとイタリアが反乱軍勢力側を支持する意思を表明し加担してきた。まず両国政府は空軍力でこの内乱に加担を始めたのであった。ここに至りスペイン内乱はヨーロッパを巻き込んだ事件へと発展する勢いとなったのである。

反乱軍側に加担したナチス・ドイツはこの機を逃さず、世界にその威力を見せつけるかのように、最新勢力の空軍部隊（戦闘機と爆撃機部隊）をスペインに送り込んだのである。ナ

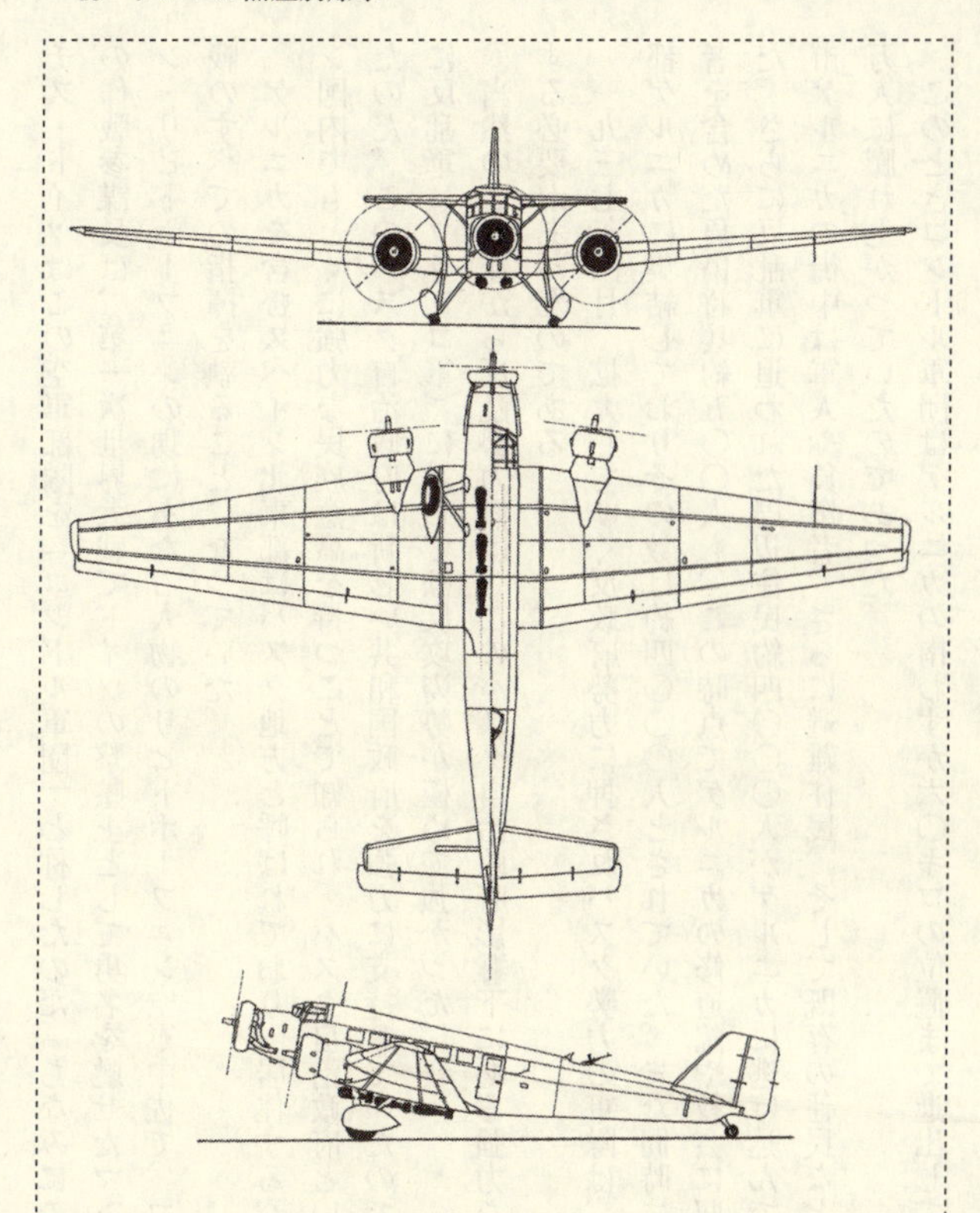

ユンカースJu52／3m爆撃機

全幅：29.25m　全長：18.90m　自重：6510kg　エンジン：BMW132A 空冷×3　最大出力：660馬力　最高速度：264km／h　航続距離：1280km 爆弾搭載量：1000kg　武装：7.7mm機関銃×3

チス・ドイツはこの空軍部隊を「コンドル軍団」と称したのだ。ちなみにこのコンドル軍団の作戦参謀長は、第一次世界大戦でドイツの撃墜王として勇名を馳せたマンフレート・フォン・リヒトホーフェンの甥にあたる人物のリヒトホーフェン空軍中佐で、コンドル軍団の作戦のすべての指揮を執ることになっていた。

ゲルニカを含むスペイン北東部はバスク地方と呼ばれており、居住するバスク人はスペイン国内でもとくに強力な民族意識を持つことで知られ、バスク自治政府という統治下にあったのだ。このバスク自治政府は新しい共和国政府を強力に支持していたのである。それだけに反乱軍（フランコ軍）に対しては反攻姿勢が極めて強かった。

当然のことながら反乱勢力側は、このバスク自治政府影響下にある強力な軍隊組織を壊滅する必要があったのである。

一九三七年四月、拡大してゆく反政府勢力に押されバスク勢力の軍隊は、バスク地方の古都ゲルニカに集結しておりその数は約四〇〇〇人とされていた。また同時に共和国軍の重傷者を含めた負傷将兵約五〇〇人も、この時点でゲルニカの修道院や教会に収容されていたのだ。さらに反乱軍に追われた周辺住民約四〇〇〇人がゲルニカに逃げ込んでおり、小さな都市ゲルニカの街中は軍人や負傷者、さらに避難住民、そして既存の住民など人口はおよそ二万人に膨れ上がっていたのであった。

このときコンドル軍団はゲルニカの南わずか六〇キロの位置まで進出しており、飛行場を

ユンカースJu52／3m（輸送機）、ハインケルHe111

建設していた。コンドル軍団の戦力は、戦闘機と爆撃機合計八三機で、その中で出撃可能な機体は五八機であった。

四月二十六日の早朝、コンドル軍団の一機の偵察機がゲルニカの上空に現われ、写真偵察を行なった。低空から撮影された写真の中には共和国側の軍隊とおぼしき集団が、ゲルニカ市街の各所に集結しているのが映し出されていたのだ。基地に集結していたコンドル軍団の出撃可能機には直ちに出撃が命じられたのである。今ゲルニカを爆撃すれば共和国軍（バスク人主体）を一気に壊滅できるとして、軍団参謀長は爆撃命令を下したのである。爆撃目標はゲルニカ市街全域と定められたのであった。

出撃命令が出された爆撃機は最新鋭のハインケルHe111爆撃機三機と、ユンカースJu52／3m爆撃機二三機で、これら編隊を援護するために、最新鋭の戦闘機ハインケルHe51とメッサーシュミットMe109（初期型）合計二二機が出撃することになった。ただこの戦闘機隊にはバスク地上部隊に対する地上掃射の任務も課せられていたのだ。なおこのとき爆撃機隊が搭載した爆弾は通常の爆弾とエレクトロン焼夷弾合計三八トン（爆弾と焼夷弾数約二八〇〇発）とされている。

（注）ユンカースJu52／3mは第二次大戦中はドイツ空軍の主力輸送機として運用されたが、開発当初は爆撃機兼輸送機として開発された機体であった。

二六機の爆撃機によるゲルニカ市街に対する無差別爆撃は、四月二十六日午後四時頃に始まった。爆撃機の編隊はゲルニカの上空約一八〇〇メートルから爆弾と焼夷弾を投下したのである。無数の爆弾はゲルニカ市街のレンガや石造りの建物を一気に廃墟と化し、同時に投下された焼夷弾により建築物は焼き尽くされたのである。そして悲劇はさらに続いた。

逃げまどう地上の住民や兵士に対し、上空の戦闘機群が機銃掃射で襲いかかったのである。

爆撃と機銃掃射は約一時間にわたり続けられたのだ。小さなゲルニカの街全域が廃墟と化し、地上から抹殺されたのである。軍人と民間人の区別のない攻撃であった。

スペインはこの直後から約四〇年間にわたりフランコ独裁政権が続くことになったが、この間に政権はゲルニカ爆撃について公表することは一度もなく、ゲルニカの破壊はバスク同盟軍が展開した大規模破壊事件であったということを頑なに押し通したのであった。

しかしこの事件は、その直後に巨匠パブロ・ピカソにより絵画化されたのだ。彼は内乱勃発当初より共和国政府の強力な支持者として知られており、描かれた抽象画「ゲルニカ」は縦三・五メートル、横七・八メートルという大作である。この年の六月にパリで開催される万国博覧会のスペイン館に飾る大作をピカソは依頼されていたのであるが、彼はここに渾身の作品としてあえて「ゲルニカ」を仕上げ、展示されることを願ったのであった。この作品は著名な大作として現在に残されているのである。

なおゲルニカの惨状の実態については長い間その真相は伏されていたが、一九六六年に至り初めて被害の真相が発表されたのである。

人的被害、死者一六四五名、重傷者八八八名。破壊された建築物、無数。

杭州上空の悲劇（日本海軍艦上攻撃機隊初の大量被墜）

一九三七年（昭和十二年）七月の盧溝橋事件を発端とした日中戦争は、北支からしだいに中支へと戦域が拡大していった。当時上海には兵力約四〇〇〇人の海軍特別陸戦隊が進出していたが、強力な中国軍（中華民国陸軍）を前に苦戦を強いられていた。

これに対し日本海軍は航空母艦「加賀」と四隻の駆逐艦で編成された第二航空戦隊を、陸戦隊の援護と南京方面に集結している中国空軍の制圧のために、八月六日に上海沖に派遣することを決定した（このとき空母「加賀」は大規模改装工事中で出撃はしていない）。さらにその後海軍は空母「龍驤」と「鳳翔」もこの作戦に投入した。

一九三七年八月十五日、上海はるか沖合に進出した空母「加賀」から合計四五機の艦上攻撃機と艦上爆撃機が出撃した。出撃の目的は中国空軍の主要基地である蘇州飛行場と広徳飛行場、さらに南京飛行場の爆撃であった。

これらの飛行場には中国空軍の戦闘機と攻撃機が多数集結しており、日本軍（海軍特別陸戦隊）に対する爆撃や地上掃射を展開して、多大な損害を与えていたのである。

この日、「加賀」を発進した攻撃隊の目標と機種は次のとおりであった。

南京飛行場　九六式艦上爆撃機一三機（全機六〇キロ爆弾六発搭載）

広徳飛行場　八九式艦上攻撃機一六機（全機六〇キロ爆弾六発搭載）

蘇州飛行場　九四式艦上攻撃機一六機（全機二五〇キロ爆弾一発、六〇キロ爆彈二発搭載）

なおこの攻撃隊には護衛の戦闘機は随伴していなかった。

この日の早朝の東シナ海は台風の通過直後で海上は時化の状態が続いており、大型の空母「加賀」も大きく動揺していた。そして時化がしだいに収まり始めたころ合いを見図り、四五機の攻撃機群は大きく揺れる飛行甲板から全機が次々と無事に離艦し出撃していったのだ。

しかし攻撃地点上空に達しても台風の余波のために気象条件は優れず、大半が何層もの雲に覆われ攻撃すべき地上の確認もままならない状態であった。さらに密な層雲のために編隊で飛ぶ僚機の姿も定かでなくなり、三個の編隊はそれぞれがばらばらになり始めていたのだ。そして南京飛行場が攻撃目標であった第一編隊の九六式艦上攻撃機の一三機は目標が発見できず、ついに全機が攻撃をあきらめ母艦に帰投することになった。

また蘇州飛行場攻撃に向かった一六機の艦上攻撃機の編隊も目標を発見することができず、

八九式艦上攻撃機

全機が帰投することになった。

一方広徳飛行場攻撃に向かった一六機の八九式艦上攻撃機は、第一攻撃目標の広徳飛行場周辺上空が密雲に覆われ目標が発見できず、同飛行場の攻撃をあきらめ全機は第二目標の杭州飛行場に向かったのであった。杭州飛行場は広徳飛行場の南東約一〇〇キロの位置にある中国空軍の拠点飛行場で、ここには多数の敵戦闘機が配置されている模様であった。

杭州飛行場に向かった一六機の八九式艦上攻撃機は、連続する断雲が災いし、いつしか編隊がバラバラになっていた。

八九式艦上攻撃機は日本海軍の艦上攻撃機としてはこの頃にはすでに旧式化しており、新鋭の九六式艦上攻撃機に変更する予定であったが、機材の不足から機体の更新は行なわれないまま、このときも空母「加賀」の艦上攻撃機戦力の一翼を担っていたのであった。

八九式艦上攻撃機とは、三菱航空機社が当時イギリスの

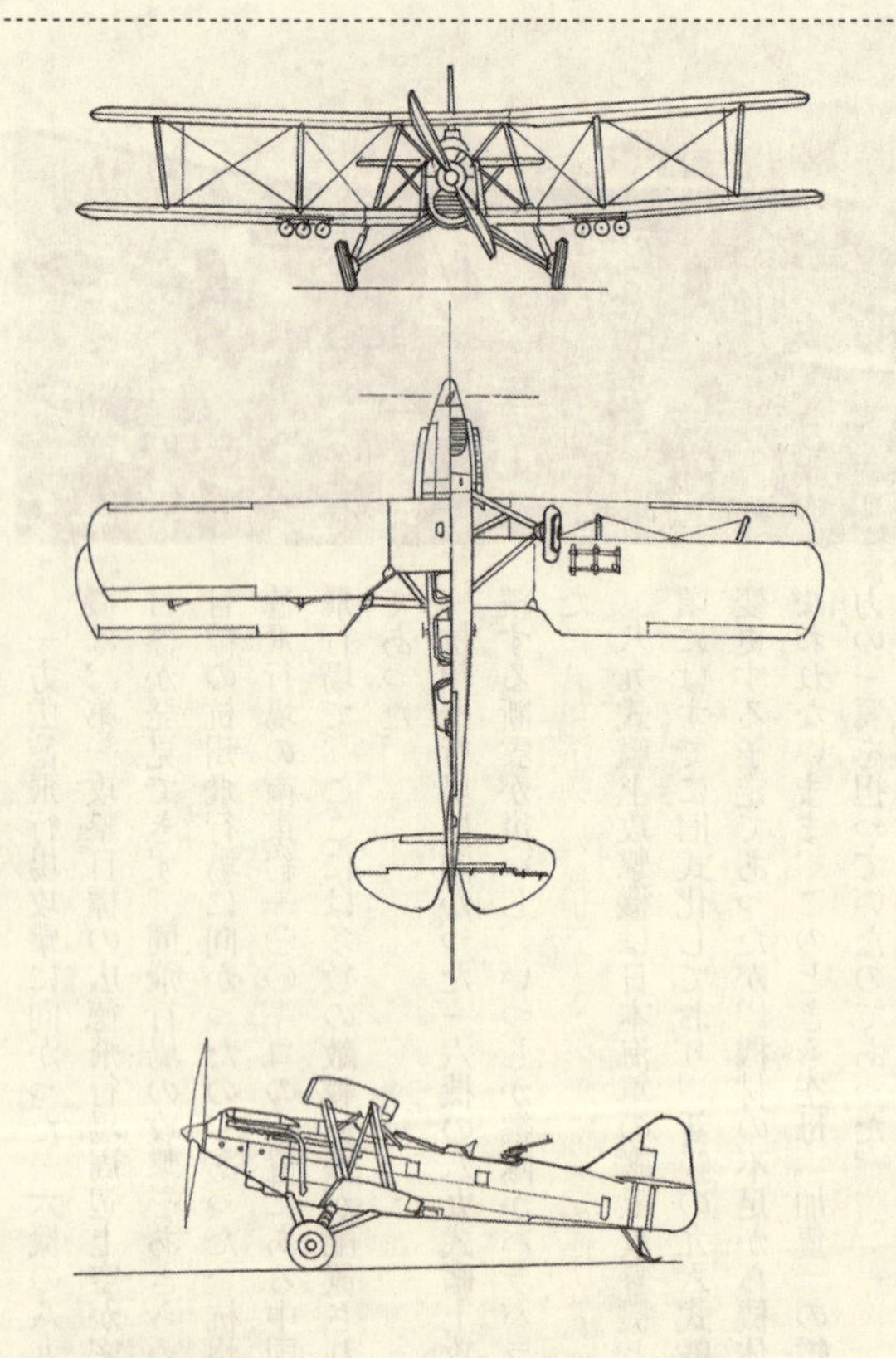

八九式艦上攻撃機

全幅：14.98m　全長：10.18m　自重：2180kg　エンジン：三菱ヒ式水冷V12気筒　最大出力：790馬力　最高速度：246㎞／h　航続距離：1758㎞　爆弾搭載量：800kg　武装：7.7㎜機銃×2

艦上攻撃機設計の名門であったブラックバーン社の指導を得て開発した機体で、複葉羽布張りの三座の大型艦上攻撃機は、一九三二年（昭和七年）に海軍に制式採用された。

全幅一五メートルのこの大型機は最大八〇〇キロ爆弾、または魚雷の搭載が可能で、フランスのヒスパノスイザ社からライセンス権を得て日本で生産された最大出力七九〇馬力のエンジンが搭載されていた。しかしこのエンジンは難物で故障が多く、作戦途中でのエンジン不調による不時着も多発し、八九式艦上攻撃機の稼働率の低さの大きな原因にもなっており、実戦部隊からは敬遠されていたのだ。

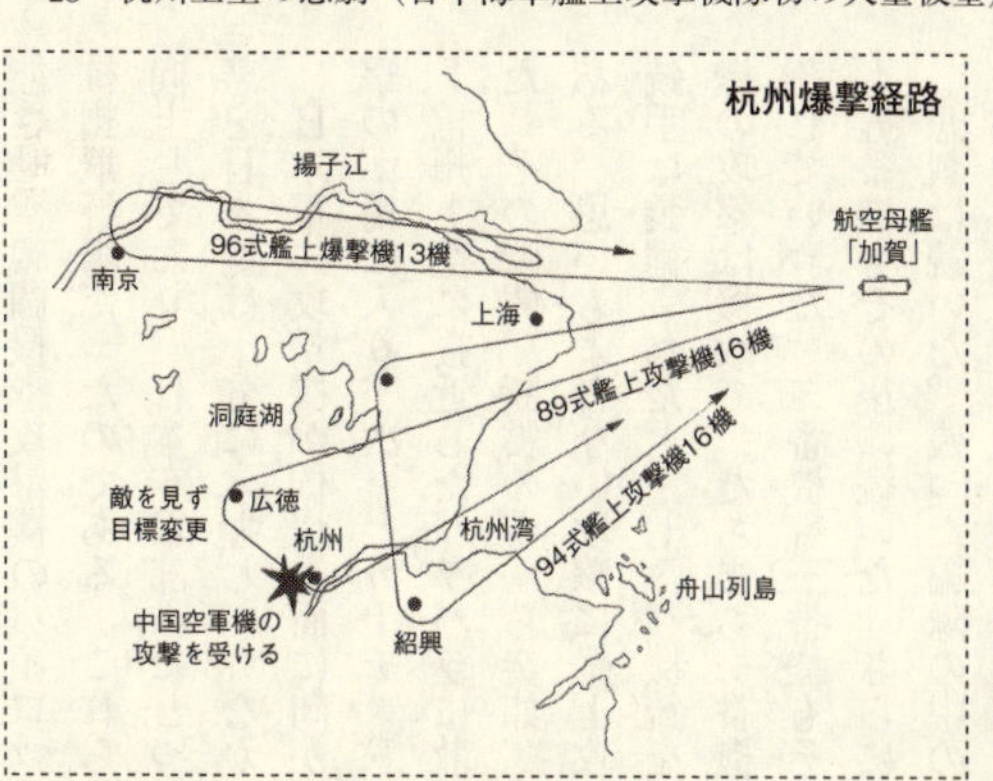

八九式艦上攻撃機の一六機の散開した編隊が杭州飛行場上空に接近したとき、断雲の中から突然、敵戦闘機が襲いかかってきたのである。それも一機ではなくバラバラではあるが十数機の戦力であった。

当時中国空軍は複葉のカーチスF6Cホーク戦闘機やノースロップ2E軽爆撃機、さらにマーチン139W双発爆撃機など約一四〇機の機体をアメリカから購入し、イタリア軍事顧問団が開設した中央飛行訓練学校を機能させ、戦闘機や攻撃機のパイロットの養成に力を入れていたのだ。そしてその拠点基地が杭州飛行場だったのである。これら養成中のパイロットの中でも戦闘機乗員はかなり練度も向上しており、日本空軍部隊にとっては侮りがたい存在となっていたのであったが、その実態を日本側は十分に掌握していなかったのである。

日本軍の攻撃機が杭州方面に向かったとの知らせを受けた中国空軍の戦闘機隊は直ちに出撃の準備に入り、次々とカーチスＦ６Ｃ戦闘機は離陸していった。その数十数機。

杭州上空に接近したバラバラに散開した艦上攻撃機群は目標を定め水平爆撃に入ろうとした。その瞬間、断雲の中から突如、敵戦闘機が現われ艦上攻撃機群に襲いかかってきたのである。思いもよらない攻撃に艦上攻撃機側は狼狽したが、爆撃を敢行する傍ら後部座席の機銃手は装備された七・七ミリ機銃を激しく旋回させ防戦に入った。雲間から突然現われる敵機の攻撃は機敏で、たちまち一番機の燃料タンクが発火し火だるま状態で地上へ向かって墜落していった。二番機も三番機もそれに続き燃えながら墜落していったのだ。そして四番機も五番機もその後に続いた。さらに六機目の攻撃機が撃墜されたときに敵戦闘機は去った。

悲劇は続いた。残った編隊の中の二機は被弾していた。エンジン系統に被弾したらしく、エンジンから白煙を吹き出しながらしだいに高度を下げ海岸へ向かって飛んでいた。しかし力尽きた二機は杭州湾の海岸にかろうじて不時着したのだが、搭乗員は機体から脱出し拳銃で応戦したが、接近してきた中国陸軍の手により捕虜となったのだ。

出撃した一六機の八九式艦上攻撃機のうち八機を失うという、日本海軍航空隊始まって以来の大損害を被ったのである。もちろんこの場合、損害を受けた機体が旧式な低速機であったということ、また護衛の戦闘機を随伴させなかったことへの反省はあるものの、この大損害の基本的な原因は、日本側が当初から敵戦闘機の戦力やパイロットの技量を侮っていたことにあり、その練度の高さと飛行機の優秀性を絶対的に無視していたことに大きな敗北の原因があった、と考えられる。

この直後、航空母艦搭載の戦闘機は旧式化しつつあった複葉の九〇式および九五式艦上戦闘機から、最新鋭の単葉の九六式艦上戦闘機に急速に改変されたのである。

ブレゲー爆撃機隊全滅

一九三九年九月一日、ドイツ軍のポーランド侵攻で第二次世界大戦が勃発した。しかしベネルクス三国やフランスなど西ヨーロッパの諸国は、戦争は勃発したものの、ドイツ軍の侵攻は見られず、翌年五月初めまでの七ヵ月間は、ヨーロッパで戦争という実感はなかった。ただ時折、ドイツ空軍戦闘機と欧州派遣イギリス空軍の戦闘機との間で空中戦が展開されることはあった。またイギリス空軍爆撃機がブレーメルハーフェン軍港などの、ドイツ本土への爆撃を展開することはあったが、西部戦線は一見すると平穏な時が流れていた。

ところが一九四〇年五月十日、ドイツ陸軍の大群が機甲師団を先頭にしてオランダ、ベルギーの国境を越えてなだれ込んできたのである。しかもその上空にはドイツ空軍の急降下爆撃機や戦闘機の大群が飛び交い、地上のあらゆる目標物を正確に破壊していったのだ。このときドイツ軍が投入した戦力は、陸軍部隊一四四個師団（兵員数約二〇〇万人）と戦車をはじめとする戦闘車両三四〇〇両、そして航空機二九〇〇機であった。

ドイツ陸軍と空軍はベルギーとオランダ、さらに小国ルクセンブルグをたちまち蹂躙すると、フランスとベルギーの国境を越え、広大なフランドル平原を一気にフランス国内に侵攻してきたのである。

空軍力の弱体なフランスは、戦争勃発と同時にイギリスに対し戦闘機と爆撃機部隊の派遣要請をしていた。これに対しイギリスはホーカー・ハリケーン戦闘機装備の戦闘機中隊一四個(合計二二四機)をフランスに送っていた。しかしドイツ軍の突然のベネルクス三国への侵攻が開始されると、フランスはイギリスに対しさらに戦闘機と軽爆撃機中隊の増援を要請したのだ。イギリス空軍はさらに戦闘機中隊一〇個(合計一六〇機)と、フェアリー・バトル単発軽爆撃機で編成された飛行中隊六個(合計七二機)をフランスに急派した。

当時のフランス空軍は空軍力の近代化に取り組んでいる最中で、多くの戦闘機や爆撃機の試作を進めていたが、すべての開発テンポが遅かった。ドイツの侵攻などに対し従来から楽観的な立場をとっており、あらゆる戦備に対しフランスは遅速だったのである。

当時のフランス空軍の中でドイツ空軍の最新鋭のメッサーシュミットMe109戦闘機に対抗できるだけの性能を持った戦闘機としては、ドボアチンD520戦闘機が唯一の機体であった。

また爆撃機も試作段階の機体が大半を占め、近代的な爆撃機として量産が開始された機体は、双発のブレゲーBr690系軽爆撃機と双発のリオレ・エ・オリビエReO451爆撃機くらいであった。しかしこれらもまだ実戦配備が始まったばかりで、とうてい十分な戦力には至っていなかった。

このとき襲ってきたドイツ空軍の戦力は、五〇〇機を超える最新鋭のメッサーシュミットMe109戦闘機、三〇〇機を超えるユンカースJu87急降下爆撃機、三〇〇機を超えるハインケルHe111双発爆撃機の大群であった。

編成間もないフランス空軍の新鋭機も、フランス派遣のイギリス空軍の戦闘機や軽爆撃機も、その規模においては完全に圧倒され、空中戦では善戦はしたもののイギリスとフランス連合の戦闘機部隊は、善戦の暇もなく次々と撃墜されていった。その損害の程度は甚大でハリケーン戦闘機はわずかな日数の間に七五機が撃墜され、一二〇機が地上で撃破されたのであった。そして残る機体を処分し搭乗員や地上整備員たちはダンケルクに追い込まれ、かろうじて母国に脱出するほどであった。

一方六個飛行中隊のフェアリー・バトル軽爆撃機も悲惨な結果を招くことになった。単発で三座のバトル軽爆撃機は地上部隊に対する低空爆撃では威力を発揮していたが、二五〇ポンド（一一五キロ）爆弾三個を搭載した際の最高速力は時速三〇〇キロにも届かなかった。ドイツ地上部隊が多数装備していた二〇ミリ四連装高射機関砲の前では、まるで射的場の標的のように撃ち落とされ、七二機のバトル軽爆撃機のうち四〇機が撃墜され、残りは地上でドイツ空軍の攻撃で全滅したのだ。生き残った搭乗員や地上要員は、戦闘機部隊と同じくダ

ブレゲーBr693、フェアリー・バトル

ンケルクからイギリス本土に脱出したのである。

この強力な空軍と対空砲陣に守られた侵攻部隊を何としても防ごうと、残されたフランス空軍部隊も善戦したが、それは善戦というよりもむしろなぶり殺しにされるために行くようなものであった。

この絶望的な戦いの中でフランス空軍の主力爆撃機となったのが、実戦配備が始まったばかりのブレゲーBr693双発軽爆撃機であった。本機は胴体がオタマジャクシのようにくびれた姿が特徴で、最大出力六六〇馬力のエンジン二基で最高時速三九

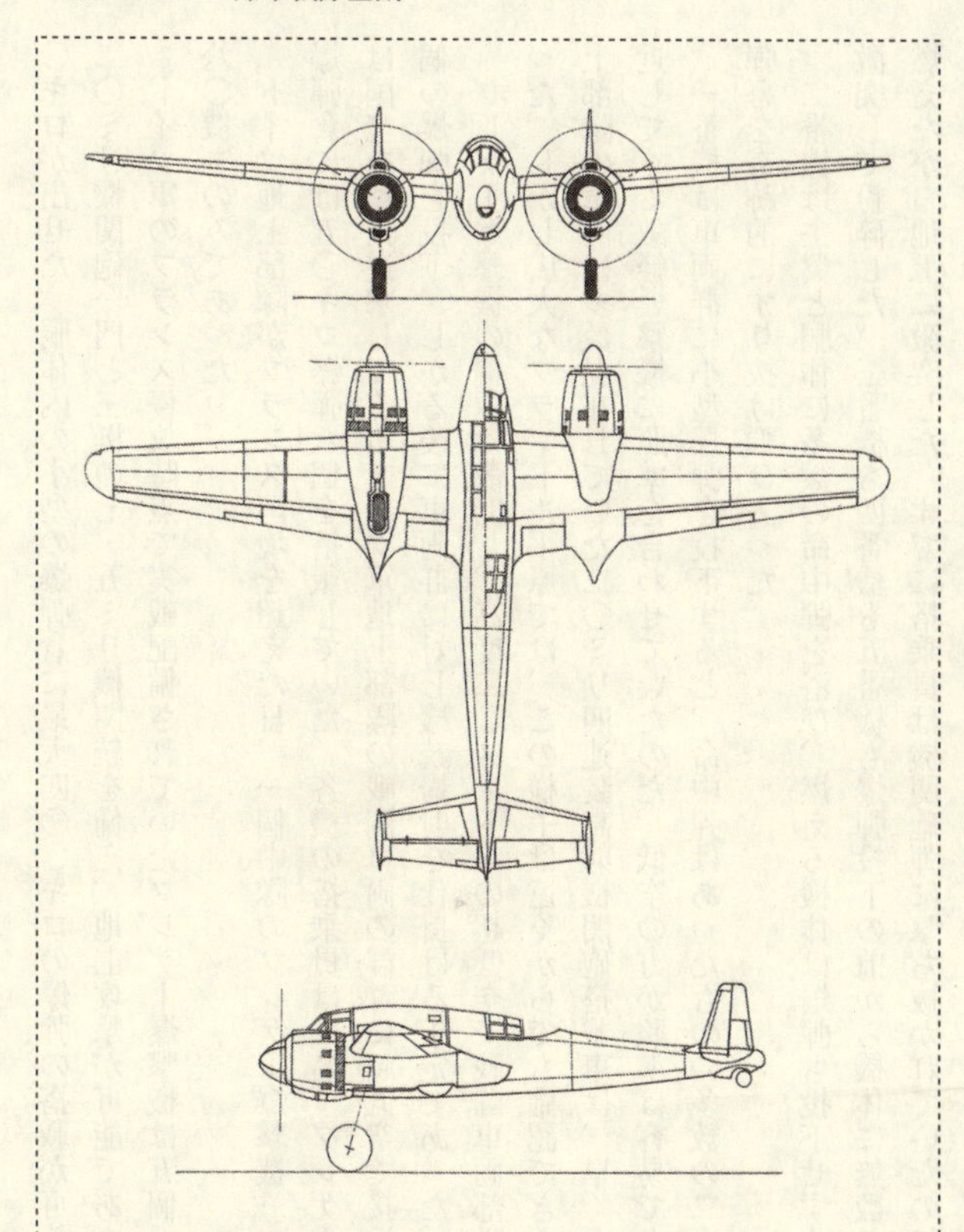

ブレゲーBr693爆撃機

全幅：15.37m　全長：10.24m　自重：2950kg　エンジン：ノームローン14M6/7空冷12気筒×2　最大出力：660馬力　最高速度：390km／h　航続距離：1350km　爆弾搭載量：400kg　武装：20mm機関砲×1、7.5mm機関銃×4

○キロが出せた。胴体内の小型の爆弾倉に最大四〇〇キロの爆弾の搭載が可能で、機首には二〇ミリ機関砲一門と三梃の七・五ミリ機関銃を備え、地上攻撃が可能であった。
ドイツ軍のフランス侵攻時点で実戦配備されていたブレゲー爆撃機は五個飛行中隊（定数八〇機）のみであった。

ドイツ地上部隊がフランス国境を超えた日、一個中隊のブレゲー爆撃機一一機が出撃した。爆弾倉には五〇キロ爆弾八個を搭載していた。各機の搭乗員は二名。ブレゲー爆撃機の編隊は国境を越え進撃してくるドイツ軍地上部隊の戦闘車両の群れに超低空で接近し、合計八八個の爆弾を投下、しかる後に車両群に対し機銃掃射を仕掛ける予定であった。

ブレゲー爆撃機の編隊は散開し、高度二〇メートルの超低空で戦闘車両部隊に接近していった。しかし広大なフランドル平原では、この様子は遠くからでも確認できたのである。地上部隊の車両に多数混在していた二〇ミリ四連装高射機関砲搭載車は、早くから超低空で接近してくる敵軽爆撃機に照準を合わせていたのだ。低空の方が照準は容易であった。

一番機は車両群に小型爆弾を投下すると、命中弾はあったものの多数の二〇ミリ機関砲の弾幕を奇跡的にすり抜け飛び去った。

二番機は主翼と胴体に多数の命中弾を浴び、燃える機体は爆弾も投下せずそのまま地上に激突して粉砕した。三番機も四番機も五番機も爆弾投下の前から機体に無数の命中弾をあび、燃えながら地上に激突した。すでに搭乗員は機関砲弾に撃ち抜かれていたのであろう。

六番機も七番機も無事ではなかった。爆弾は投下したものの命中弾を受けていたらしく機体は燃えながら急上昇をしたが、やがて失速しそのまま地上に落下した。パイロットは致命傷を負っていたのであろう。その中にあって八番機は命中弾はあったものの飛行には影響はなかったらしく、爆撃後そのまま基地の方向に飛び去って行った。

九番機、一〇番機、一一番機も無事ではなかった。怒り狂った無数の機関砲の前にこの三機も無数の命中弾を浴び、爆弾投下の任務は果たしたものの燃える塊となって地上に激突したのだ。攻撃した一一機のブレゲー軽爆撃機は勇敢であったが悲惨な結果を招いた。しかしドイツ地上軍に与えた被害は少なくはなかった。投下された数十発の爆弾はドイツ地上部隊の車両約一〇〇両を破壊し、乗っていた将兵五〇〇名以上を道連れにしたのであった。

奇跡的に基地に帰還した二機のブレゲー爆撃機は、車輪装置を破壊されており胴体着陸した。中隊の稼働機は一回の攻撃で全滅したのだ。

六月二十一日、フランスは独仏休戦協定を結んだが、実質的なフランスの降伏である。勇戦したブレゲー爆撃機部隊も、その大半が撃墜または地上で破壊され、残っていたのはほんの一握りの機体であった。

タラント軍港の奇襲（イタリア海軍最大の悲劇）

第二次世界大戦勃発当初、地中海は比較的平穏であった。イギリスは地中海の東西端の要衝であるジブラルタルとエジプトのアレキサンドリアにそれぞれ艦隊を配置し、さらにイタリア半島の西端沖に位置するシシリー島とは一〇〇キロと離れていないマルタ島には、強力な空軍部隊も配置し、ドイツの地中海への侵攻には万全の備えをしていたのであった。ところが開戦から九ヵ月後の一九四〇年六月五日に、突如イタリアはドイツ側に与しこの戦争に参戦したのであった。

イタリアは多くの戦艦や巡洋艦で編成された強力な海軍力を擁していた。イタリアの枢軸側への突然の参戦は、地中海の勢力バランスに一大変化をもたらすことになったのだ。イタリアは戦争に参入すると、直ちに陸軍部隊と空軍部隊を地中海を挟んで八〇〇キロの位置にあるアフリカ大陸のリビアの地に送り込んだ。さらに十月にはギリシャに陸上部隊を侵攻させたのである。

イタリアのこの突然の動きはイギリス地中海艦隊にとって、さらにエジプトや中東に駐留する陸軍や空軍部隊の東西の連絡を妨げる強力な楔となるもので、予断を許さない状況になったのだ。さらにイタリアはシシリー島とは指呼の間にある、イギリス海空軍の拠点であるマルタ島攻略の準備も開始したのであった。

イタリアはまず空軍力でマルタ島のイギリス空軍戦力を撃破し、次いで陸上部隊を侵攻させる計画であったのだ。以後マルタ島は、連日にわたるイタリア空軍爆撃機の空襲を受けることになった。

これに対しイギリスはマルタ島死守の構えを示し、とくに空軍戦力の増派を展開したのだ。イギリスは空軍力によるマルタ島の固守と同時に、マルタ島をイタリアとリビアの間のイタリア軍の海上補給路攻撃の基地として展開させねばならなかったのだ。

しかし地中海戦線においてイギリスが最優先で実行しなければならないことは、イタリア艦隊の早急な撃破であった。イタリア艦隊の殲滅は地中海の東西の連絡路を確保するばかりでなく、イタリアおよびドイツ軍のリビアへの海上補給路の遮断も可能にするのである。イタリア艦隊との早い時期での決戦は至急の課題となっていたのである。

当時のイタリア海軍の拠点はイタリア本土の二ヵ所にあった。一つはイタリア半島の北西端にあるリグリア海に面したラ・スペチアで、もう一つはイタリア半島の南端近くに位置するタラントであった。なかでもタラントは一九四〇年十月の時点ではイタリア海軍の最重要拠点基地の位置づけにあり、イタリア艦隊の主力艦の約七割が同基地に配置されていたのであった。

イタリアはリビア戦線の戦力補給基地として、シシリー島北部のパレルモ、イタリア半島南部のカタンツァーロやカラブリアなどから輸送船を送り出し、船団を組みタラント基地の巡洋艦や駆逐艦の援護を受けてリビアへの輸送を展開していたのだ。そしてこの輸送に際しては輸送船ばかりではなく、戦艦、巡洋艦や駆逐艦の甲板にも大量の物資を搭載して輸送力の一助としていたのだ。

この輸送船団撃滅のためにアレキサンドリアを拠点とするイギリス地中海艦隊は、戦艦や巡洋艦戦隊を、ときには航空母艦も随伴させ攻撃し時々の戦果を挙げていた。しかしそれはまさに「モグラ叩きゲーム」の様相を呈し、決定的な戦果を挙げるまでにはいかなかった。この間にドイツ軍はリビア戦線のイタリア地上軍や空軍戦力を強化するために、ドイツ空軍や機甲師団を中心とする大戦力の地上部隊を送り始めたのである。

イギリス地中海艦隊はこの事態に一刻の猶予もならず、イタリア海軍壊滅へ向けての決定的攻撃方法を計画したのだ。そしてその最有力戦法として考え出されたのがタラント軍港への航空母艦戦力による奇襲攻撃であった。

航空母艦から魚雷と爆弾をそれぞれ搭載した艦上攻撃機を出撃させ、港内に停泊中の主力艦を攻撃するのである。しかもその攻撃は夜間の奇襲攻撃で行なうことが前提条件とされたのである。

このときイギリス地中海艦隊に配置されていた航空母艦は、最新鋭の航空母艦イラストリアスと旧式航空母艦イーグルの二隻であった。しかしイーグルは作戦上で支障があるために、イラストリアス一隻で攻撃を決行することになったのである。そのために航空母艦イーグルに搭載されていた艦上攻撃機の一部を、イラストリアスの攻撃力増強のために移動させることにしたのだ。本来このような攻撃には少なくとも艦上攻撃機三〇ないし四〇機は必要であるが、当時のイギリス海軍の航空母艦の事情、さらにこの攻撃の特異性からそれは許されなかったのであった。

タラント軍港奇襲は一九四〇年十一月十一日に決行と決まった。イラストリアスの攻撃戦

空母イラストリアス

力はフェアリー・ソードフィッシュ艦上攻撃機二〇機であった。ちなみに本機は複葉羽布張りの最高時速二七〇キロの三座艦上攻撃機で、まさに時代錯誤的なスタイルの機体であったのだが、夜間に高速で飛び回る機体よりも、悪い視界の中で低速で低空に降下し確実に攻撃が可能な機体として、本機は最良の機体であったと判断することができるのである。

攻撃決行を前に、マルタ島基地からイギリス空軍のマーチン・メリーランド双発爆撃機（アメリカ陸軍航空隊呼称マーチンA22メリーランド攻撃機）一機をタラント軍港偵察のために飛ばし、偵察終了後はそのままアレキサンドリア基地に長駆直行させたのである。

同機が撮影した偵察写真には、戦艦とおぼしき大型艦六隻、巡洋艦らしき大型艦九隻、さらに駆逐艦と思われる艦艇二八隻、潜水艦の艦影一六隻、その他艦艇九隻、輸送船らしき九隻が在泊していることが確認されたのである。これはイタリア艦隊の大半が在泊していることになるのである。攻撃には絶好の機会であった。

攻撃目標には不足はないが、攻撃力は絶対的に劣っていることは確実であった。しかし主力艦に攻撃目標を定め数隻なりとも行動不能に陥れれば、イタリア海軍の今後の行動に多大な影響を与えることは確実と判断し、攻撃は予定どおり決行されることに決まった。

ただこの偵察写真には気になるものが映し出されていたのである。それはタラント軍港を囲むように二七個の阻塞気球とみられる物体が映し出されていたのだ。これは要地への航空機の低空での侵入を阻止するために、大型の気球を三〇〇から四〇〇メートル間隔で上空に上げ、気球の間には数本の鋼製のワイヤーを張り低空で侵入してくる敵機を防ごうとする装備である。

機動部隊司令官リスター海軍少将はこの状況に判断を迷ったが、計画どおり夜間攻撃（雷撃と爆撃）で決行することを決断したのだ。その方法は攻撃隊に先行し多数の照明弾を搭載した艦上攻撃機を数機飛ばし、攻撃直前と攻撃中にタラント軍港の上空に照明弾を投下、軍港全域を照らし出し、阻塞気球の位置が目視できるとともに目標軍艦の位置を確認することを可能にしようとしたのである。そのためにもこの時代遅れともいえる低速のソードフィッシュ艦上攻撃機の活用は、結果的には最適の選択であったといえるのである。

この攻撃には雷撃も含まれていた。しかしこれには二つの問題があった。一つは停泊している主力艦の周囲が魚雷防御網で保護されているのではないかという懸念。もう一つは情報によればタラント軍港の水深は一五メートルで、雷撃を超低空で行なわなければ魚雷が海底

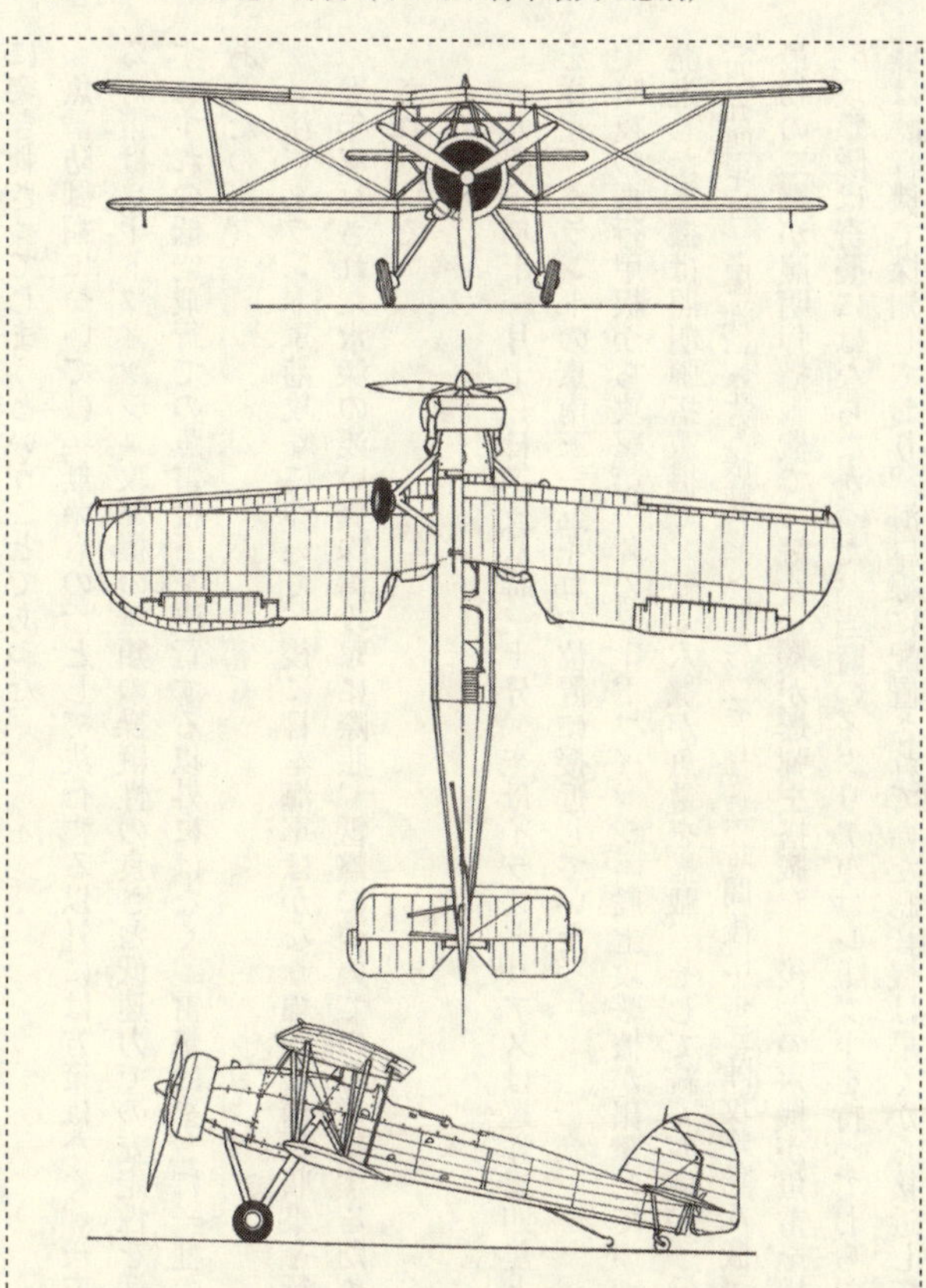

フェアリー・ソードフィッシュ艦上攻撃機
全幅：13.87m　全長：11.07m　自重：2359kg　エンジン：ブリストル・ペガサス3空冷9気筒　最大出力：750馬力　最高速度：224km／h　航続距離：1655km　爆弾搭載量：730kg　武装：7.7mm機関銃×2

に突き刺さってしまうということであった。

魚雷防御網については「無いもの」として決行する以外には方策はなく、一方水深に対する対策はソードフィッシュ攻撃機の無類の操縦性の良さと低速力での安定性を活用し、海面すれすれの低空飛行での魚雷投下を決行する以外にはなく、雷撃はまさに一種の「賭け」であったのだ。

（注）タラント軍港攻撃について、後に日本海軍はかなり綿密な情報収集を行なっている。翌年実行された水深の浅い真珠湾攻撃に際し、雷撃についての参考にするためであったとされている

一九四〇年十一月十一日午後八時三十分、空母イラストリアスは巡洋艦四隻と駆逐艦四隻を従え、タラントの東南三二五キロの位置に接近していた。

暗夜の飛行甲板から攻撃第一陣のソードフィッシュ艦上攻撃機が出撃していった。最初に発進した二機は照明弾搭載機で、続く六機が魚雷を搭載、そして続く四機が一〇〇〇ポンド（四五四キロ）爆弾一発を搭載していた。そして一時間後に第二陣攻撃隊八機が出撃した。最初の二機が照明弾搭載機で、続く一機が爆弾を搭載し、後続の六機が魚雷を搭載していた。

攻撃隊は奇襲にはならなかった。当時のイタリア軍はレーダーを持っておらず、敵機の来襲は聴音機で探知しており、海岸線に配置されていた聴音機は早くから接近して来るらしい

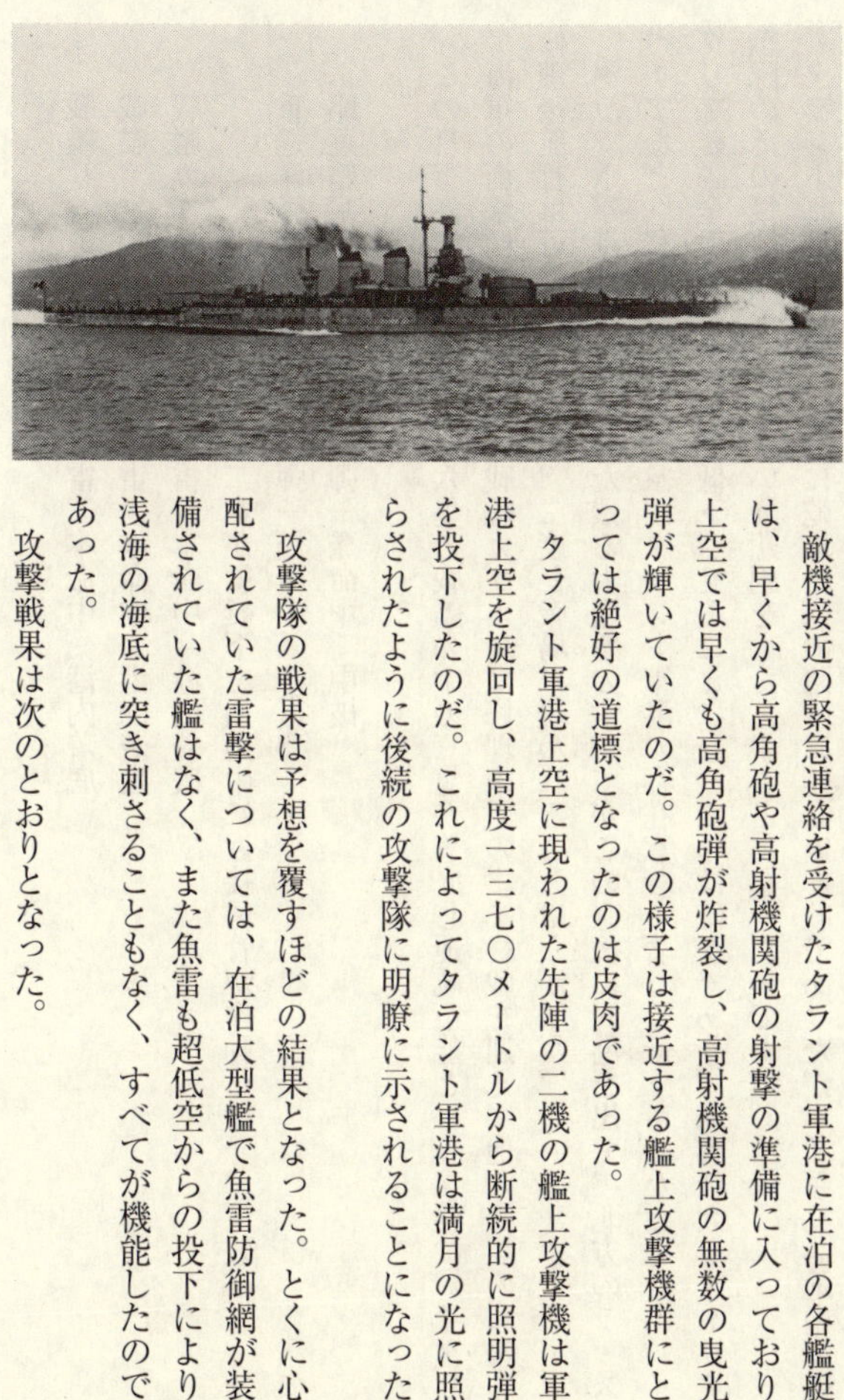

戦艦リットリオ

複数の航空機の爆音を探知していた。

敵機接近の緊急連絡を受けたタラント軍港に在泊の各艦艇は、早くから高角砲や高射機関砲の射撃の準備に入っており、上空では早くも高角砲弾が炸裂し、高射機関砲の無数の曳光弾が輝いていたのだ。この様子は接近する艦上攻撃機群にとっては絶好の道標となったのは皮肉であった。

タラント軍港上空に現われた先陣の二機の艦上攻撃機は軍港上空を旋回し、高度一三七〇メートルから断続的に照明弾を投下したのだ。これによってタラント軍港は満月の光に照らされたように後続の攻撃隊に明瞭に示されることになった。

攻撃隊の戦果は予想を覆すほどの結果となった。とくに心配されていた雷撃については、在泊大型艦で魚雷防御網が装備されていた艦はなく、また魚雷も超低空からの投下により浅海の海底に突き刺さることもなく、すべてが機能したのであった。

攻撃戦果は次のとおりとなった。

戦艦リットリオ　魚雷三本命中　港内着底
戦艦デュイリオ　魚雷一本命中　港内着底
戦艦カブール　魚雷一本命中　港内着底
　他二本が艦艇下を通過中に近接信管が作動し爆発、大破
重巡洋艦トレント　爆弾一発命中（不発）
駆逐艦リベッチオ　爆弾一発命中　中破

この日軍港に在泊していた六隻の戦艦の中の三隻が着底し運航不能という事態に、イタリア海軍の衝撃は大きかった。戦艦カブールは修理未了のまま終戦を迎え、他の二隻の戦艦も修理後航行は可能になったが、二度と戦場に現われることはなかった。

タラント軍港に在泊していた残る大型艦のすべてがこの直後に同港を出て、北方のラ・スペチアなどへ移動し、この攻撃がタラント軍港の存在意義を著しく低下させたとともに、イタリア艦隊全般の活動能力を低下させることになったのは確かであり、陣容壮大なイタリア艦隊のその後の「不活発」という悲劇をもたらすことになったのである。

タラント軍港の夜襲はまさに乾坤一擲の賭けに等しい作戦であったが、イギリス地中海艦隊の存在意義を高める格好の演出ともなったのだ。

この冒険的な作戦に出撃した、およそ近代的ではない、古典的で鈍足のソードフィッシュ艦上攻撃機二〇機の中で、失われた機体がわずかに一機であることは奇跡に近かった。そしてこの失われたただ一機の攻撃機も、搭乗員三名は全員イタリア軍の捕虜となったが、休戦とともに無事に母国に帰還している。

極めて危険な攻撃でありながら損害が最小限ですんだ原因は明確であった。在泊イタリア艦隊の各艦艇の高角砲や高射機関砲のすべてが高空からの爆撃を想定していたために、各砲の弾道や照準はあらかじめ高所にセットされていたのだ。しかし攻撃が想定外の突然の超低空の雷撃が主体であったために照準の変更に手間取り、さらに攻撃高度があまりにも低かったために射撃をしても港内在泊艦艇との同士撃ちになりかねず、対空射撃が大混乱に陥ったことが被害を最小限とした要因とも考えられているのである。

自由フランス空軍爆撃機中隊全滅

一九四〇年六月にフランスが事実上ドイツに降伏を宣言した時点で、フランスからイギリスへ脱出したド・ゴール将軍（後のフランス大統領）は、海外に脱出したフランス人と植民地に住むフランス人に向けて、対ドイツ抵抗組織としての自由フランス軍の設立を宣言したのだ。

これによりイギリスに逃れたフランス軍将兵は、イギリス陸海軍の組織下でフランス人部隊を編成し来るべき反撃の時を待ち、またイギリス空軍内にはフランス人部隊を組織し、イギリス空軍の戦闘機部隊および爆撃機部隊の戦力として戦う姿勢を見せたのであった。

一方海外の各地域では、例えばアフリカ東部のエジプトではド・ゴール将軍の指揮を仰ぐものとしてフランス人だけで組織した戦闘機中隊や爆撃機中隊を編成し、イギリス軍と共にドイツ軍に対峙したのであった。

ブリストル・ブレニム

一九四一年十二月の北アフリカは、リビアに侵攻したドイツ・イタリア連合軍部隊が、主にドイツ軍主体の強力な戦車師団（いわゆるロンメル軍団）を中心に、エジプトへの侵攻を図ろうとしていたのである。

リビアの港湾の要衝であるベンガジは、イタリアからリビア戦線への補給物資輸送の拠点港であり、またその東に位置するトブルクはエジプト国境までわずか一二〇キロの位置にある。ロンメル軍団は早くもトブルクを占領し、エジプトへの侵攻も時間の問題とされた。

この頃のエジプトを守るイギリス空軍の戦力は、ホーカー・ハリケーン戦闘機を擁する戦闘機中隊が三個、ブリストル・ブレニム双発軽爆撃機からなる爆撃機中隊三個、ヴィッカース・ウエリントン双発爆撃機からなる爆撃機中隊二個の合計一八五機であったが、その半数はつねにエンジンの故障下（砂漠から吹き付ける微細な砂がエンジンに侵入し、エンジン不調の原因となっている）にあり、実動戦力は常時一〇〇機前後であったが、それ以外に自由フランス空軍のブリス

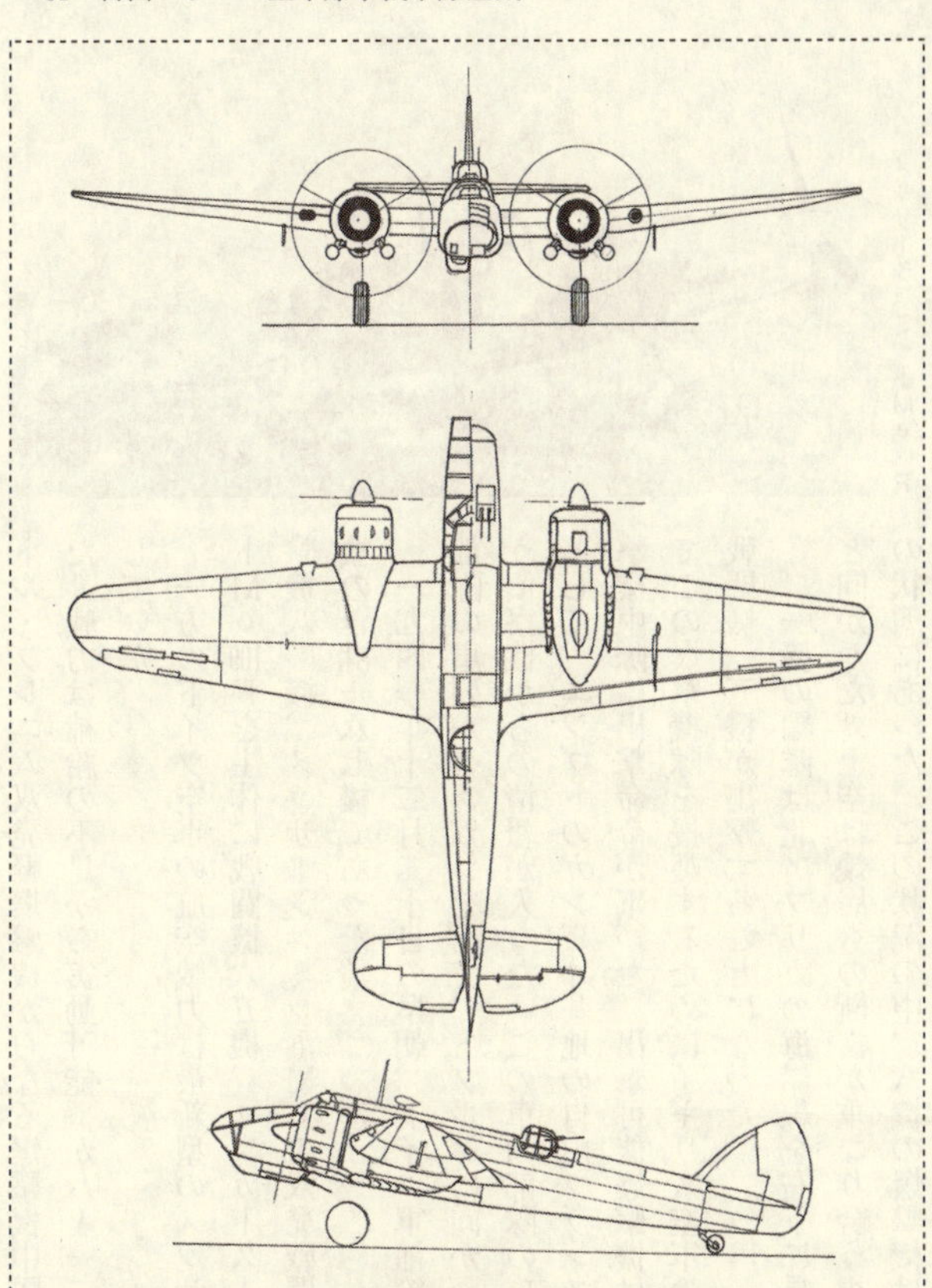

ブリストル・ブレニムMk4軽爆撃機

全幅：17.17m　全長：12.97m　自重：4435kg　エンジン：ブリストル・マーキュリー15空冷9気筒×2　最大出力：920馬力　最高速度：428km／h　航続距離：2350km　爆弾搭載量：603kg　武装：7.7mm機関銃×4

メッサーシュミットMe109F

トル・ブレニム双発軽爆撃機からなる爆撃機中隊一個があった。戦力は補給の不足から実動可能機が八～一二機が常態化していた。

一方のドイツ空軍の航空戦力は最新型のメッサーシュミットMe109Fを主体に戦闘機六五機、ユンカースJu88双発爆撃機八〇機、メッサーシュミットMe110双発戦闘攻撃機四二機の合計一八七機であった。

一九四一年十二月二十日の早朝、ドイツ軍補給部隊の車両部隊の車列がベンガジを出て、トブルクに向かっているという偵察機からの情報が入った。この車両部隊の攻撃の第一陣として、エジプトのガンビユ基地の自由フランス空軍の軽爆撃機中隊に出撃命令が下った。出撃可能爆撃機は八機、そしてこの爆撃機隊を援護するためにイギリス空軍のハリケーン戦闘機一三機が出撃することになった。

二一機の編隊は北アフリカの海岸線を右下に見ながら西へと向かった。上空は幾層もの断雲が重なり合う視界不良気味の状態にあった。この状況の中、八機の爆撃機は互いに視界が不良のまま、しだいに密集編隊はバラバラに崩れてしまったのだ。

このとき各爆撃機の胴体内には一一七キロ爆弾四発が搭載されていた。
(注) ブリストル・ブレニム爆撃機は、最大出力九二〇馬力の空冷エンジン二基を装備した軽爆撃機で、最大爆弾搭載量は七〇〇キロ、搭乗員三名、防御火器は胴体後上方に七・七ミリ連装機関銃座一基と、機首下面に後下方に向けて射撃できる七・七ミリ連装機関銃塔一基を備えていた。しかしこの頃には性能的にすでに旧式化しつつある爆撃機となっていた。

爆撃機の編隊がバラバラに飛んでいるとき、突然上空の断雲の中から一群のメッサーシュミット戦闘機の編隊が現われ、ブレニム爆撃機に襲いかかってきたのである。そして同時にもう一群のドイツ戦闘機が上空の断雲の中を飛ぶハリケーン戦闘機に襲いかかったのである。

敵戦闘機は二〇機以上が数えられた。

バラバラになったブレニム爆撃機の編隊を襲った戦闘機は十数機、すべてのパイロットが練達の操縦技量の持ち主に思われた。各ブレニムは非力な七・七ミリ機関銃で応戦したが、敵戦闘機は至近距離から二〇ミリ機関砲弾を浴びせてきたのだ。しかも悪いことにこの戦闘機のパイロットの一人に、「アフリカの星」と謳われた有名なドイツ戦闘機撃墜王マルセイユ空軍少尉が混じっていたのである。彼はこの時までにイギリス機二〇機以上を撃墜していたのだ。

この戦いの結果は悲惨であった。ハリケーン戦闘機一三機中一一機が、格段に性能の勝る敵戦闘機に撃墜され、ブレニム爆撃機八機中六機が瞬く間に撃墜されたのであった。ガンビユ基地にたどり着いた二機のブレニムはいずれも滑走路に胴体着陸した。機体は二〇ミリ機関砲弾によりボロボロに引き裂かれ、二度と飛行が可能な状態ではなかった。そして搭乗員の全員が負傷していたが、一機のブレニム爆撃機を自ら操縦し出撃した爆撃隊司令のピジョー空軍大佐は、このとき撃墜され戦死した。

ドーバー海峡悲劇の雷撃行

第二次世界大戦勃発時のドイツ艦隊の主力水上戦力は、小型戦艦二隻（シャルンホルスト、グナイゼナウ）、装甲艦（通称ポケット戦艦、リュッツォウ、アドミラル・シェーア、アドミラル・グラーフ・シュペー）三隻、重巡洋艦二隻、そして数隻の軽巡洋艦と三〇隻ほどの駆逐艦であった。後に巨大戦艦二隻（ビスマルクとティルピッツ）と重巡洋艦一隻（プリンツ・オイゲン）が追加されたが、とうてい対戦国イギリス海軍の強大な艦隊戦力にはおよぶものではなかった。

ドイツ海軍は本来はイギリス海軍艦隊と対等に決戦を交えるという構想は持っていなかった。ドイツ海軍にとってのこれら艦隊の存在意義は、大西洋を中心とする大海での通商破壊戦への投入が根底にあり、これら艦艇を随時大海に単独または複数で出撃させ、敵国商船隊を撃滅することが任務で、そのとき現われるであろうイギリス海軍の戦艦に対する対抗手段として、巨大戦艦を擁したと考えるのが妥当のようであった。

事実ドイツ海軍は第二次大戦の当初からこれら小型戦艦や装甲艦を南北大西洋に個別に出撃させ、イギリス商船隊に対する通商破壊作戦を繰り広げ大きな戦果を挙げていたのである。

ただドイツ海軍にはこの作戦を展開する上で大きな障害が存在した。それはこれら軍艦の出撃基地の位置的問題である。ドイツ海軍の主要基地は北海に面するヴィルヘルムスハーフエンと、その反対位置のバルト海に面したキールの二ヵ所である。しかしこれらの基地には作戦を決行するに際しての大きな欠陥があった。

キール軍港から出撃し大西洋に出るには、ユトランド半島の基部に掘削されたキール運河を通るか、あるいはカテガット海峡とスカゲラーク海峡を通り大きく北に迂回し大西洋に出る方法しかなかった。この場合キール運河は大型艦の通航は不可能であり、かといって迂回の海峡通過では途中デンマークやノルウェーおよびスウェーデンに潜むイギリス側諜報機関の目を逃れることは難しく、出撃にはよほどの注意が必要であった。

一方のヴィルヘルムスハーフェンも北海という大海には面しているが、そこから大西洋に出るには南はドーバー海峡、西にはイギリス本島が位置し、北へ向かえば強大なイギリス海軍本国艦隊の根拠地である、オークニー諸島のスカパフローの監視を欺くしか方法はないのである。さらにヴィルヘルムスハーフェン基地はイギリス本土から大きく離れているわけではなく、つねにイギリス空軍の爆撃の心配も持ち合わせていたのであった。

重巡洋艦プリンツ・オイゲン

　ドイツ海軍艦艇がイギリス海軍に気取られることなく自由に大西洋に出撃する方法は、大西洋に直接出撃できる基地を確保する以外にないのだ。それは例えばフランスの占領にともない確保できるブルターニュ半島などである。

　一九四〇年五月、ドイツ軍は強力な機甲師団を主力に強大な空軍戦力の傘の下にフランス国内への電撃侵攻を展開した。そして六月末までにはブルターニュ半島を占領し、既存の良港ブレストを大西洋への直接の出口としての拠点軍港として機能させたのである。

　その後ブレストには大西洋での通商破壊作戦を終えた戦艦シャルンホルストとグナイゼナウが留まり、大西洋へのにらみを利かせたのである。

　その後一隻の新鋭重巡洋艦プリンツ・オイゲンが加わったものの、積極的な作戦に出撃する機会がなく同基地にとどまったのである。しかしこの間イギリス空軍はこの三隻に対する爆撃を続け、大規模な損害にはならないものの長期在泊に懸念が生じてきたのであった。そして一九四二年一月、ヒトラー総統はこれら三隻を本国のヴィルヘルムスハーフェンに回航し待機させることを厳命したのであった。

しかしこの命令は即時に実行できるものではなかった。イギリスを大きく迂回し北海から母港に回航しようとすれば、当然のことながら、航空母艦戦力を交えたイギリス本国艦隊総力との一戦を避けることはできず、前年の戦艦ビスマルク喪失の二の舞を演じかねないのである。一方イギリス海峡からドーバー海峡を抜けて母港に向かう手段は、最短距離ではあるが、イギリス海軍艦艇と空軍の猛攻を受けることは間違いなく、迂回航路よりも大きな危険となる可能性は高かった。

この至難の選択に対してドイツ海軍が出した答えは、最短距離の「ドーバー海峡昼間強行突破」であった。昼間の強行突破を選択した理由は次のような分析によるものであった。

ドーバー海峡を「夜間」強行突破と仮定した場合、ブレスト基地を昼間に出撃する必要がある。これは四六時中イギリス空軍の監視下に置かれている状態では、三隻の出港がたちまちにイギリス側に知られ、途中のイギリス海峡でのイギリス空軍の激しい攻撃を受け、しかも軍港ポーツマスにも近く、夕刻から夜間にかけての魚雷艇や駆逐艦の雷撃攻撃は必定となる。さらに海峡通過が夜間になるためにドイツ空軍の強力な傘を得ることができず、三隻が途中で損失を含む甚大な損害を受ける可能性が極めて大きいと判断された。

一方「昼間」強行突破と仮定した場合には、ブレスト軍港を夜間に出港するためにイギリ

ドーバー海峡を航行する戦艦シャルンホルスト

ス空軍の監視の目を盗み、出港がイギリス側に察知されにくい。海峡突破は昼間になるが、この場合ドーバー海峡沿いのフランス各航空基地には合わせて一六〇機の戦闘機を配置して、常時一六機の戦闘機を艦隊の上空警戒にリレー式に出撃させることができる。イギリス空軍側が艦隊攻撃に雷撃機や爆撃機を出動させても、艦隊を守り抜くことが可能である。また出撃して来るであろうイギリス側駆逐艦や魚雷艇に対してはドーバー海峡沿いに配置したドイツ海軍の魚雷艇が出撃すると同時に、二隻の戦艦と一隻の重巡洋艦からの強力な反撃がみられる。

ドイツ海軍は熟慮の結果、十分な準備を整えたのちにドーバー海峡の「昼間強行突破」を実施することに決定した。作戦名は「ツェルベルス作戦」とされた。

この昼間強行突破作戦は結果的にはイギリス側の意表を突く作戦となったのである。

一方イギリス側が三隻の主力艦がドイツ本国に帰還すると仮定した場合の阻止作戦は、ドーバー海峡の昼間突破に対しては、海峡沿いのマンストン基地にフェアリー・ソードフィッシュ艦上攻撃機一個中隊（定数一二機、実際の配置はわずかに六機）を配置し、全機魚雷を搭載して雷撃を行なう計画であった。また夜間突破に対しては沿岸基地に魚雷艇を配置し対処する手筈であった。またもし大西洋迂回航路をとる気配がある場合に対し、イギリス空軍沿岸警備隊のブリストル・ボーフォート双発雷撃機三個中隊（定数三六機）の配置の準備に入っていた。さらにドーバー海峡昼・夜間突破に対し、海峡入り口のソーニー島の基地に、同じくブリストル・ボーフォート双発雷撃機一個中隊（定数一二機）が配置されることになっていたのだ。

一九四二年二月十一日午後九時、二隻のドイツ戦艦と一隻の重巡洋艦はブレスト軍港をひそかに出港したのだ。この出港の一時間前にイギリス空軍の爆撃機がブレスト軍港上空に現われ、三隻の主力艦の存在を確認し爆撃を行なっていた（損害はなし）。

イギリスは完全に出し抜かれ三隻の主力艦の夜間出港を察知していなかったことになるのだ。そして明けて二月十二日の午前八時、出港一一時間後のこの時、三〇ノット（時速五六キロ）で進んでいた三隻の主力艦はすでにドーバー海峡の最狭部に接近していたのである。

午前十時四十分、ドーバー海峡上空を哨戒飛行中であったイギリス空軍の二機のスピットファイア戦闘機が三隻の高速航行する軍艦を発見した。しかしその報告が行なわれたのは二

フェアリー・ソードフィッシュ

機が基地に帰還してからのことで、この間に三隻はさらに進んでいたのだ。イギリス側がドイツ主力艦のドーバー海峡突破の情報を知ったときには、三隻はすでにドーバー海峡の北端を北進中であったのだ。ドーバー海峡の無傷突破に半ば成功していた。

この段階でイギリス側が対応できる手段は、マンストン空軍基地に待機するソードフィッシュ雷撃機による雷撃以外になかった。

慌ただしく出撃の準備が始まったが、実際に出撃したのは午後十二時二十五分になっていた。さらなる遅れである。イギリス空軍は当然ドイツ戦闘機の攻撃があるものとして、雷撃機の援護にスピットファイア戦闘機二〇機を出撃させる準備をしていた。しかし準備の手違いから出撃したのはわずかに一〇機に過ぎなかった。

七五〇キロの魚雷を搭載するとソードフィッシュの飛行速力は最高でも時速一七〇キロに過ぎないのだ。戦闘機の十分な戦力を待つ間に三隻の高速主力艦はソードフィッシュ雷撃機が追いつけない位置にまで進んでしまう可能性が高かった。

六機の雷撃機は出撃した。攻撃の指揮官は前年のドイツ戦艦ビスマルクの撃沈に一役買った、ソードフィッシュ雷撃機隊の一員であったユーゲン・エズモンド海軍少佐であった。

エズモンド隊は前方を進む三隻のドイツ艦を発見し、低空に降り雷撃態勢に入ろうとした。このとき三隻の主力艦の側面を援護するようにドイツ海軍の水雷艇が並走し、多数の三七ミリや二〇ミリ機関砲で射撃を開始していた。低空を低速で飛ぶ攻撃隊の六機の攻撃機は絶好の射撃目標になった。機体には無数の命中弾を浴びたが外皮が羽布張り構造であるために、弾丸は命中しても爆発せず機体を突き抜けてしまい、容易に撃墜できないという珍事となった。

しかし、このとき上空からスピットファイア戦闘機の攻撃をかわし、十数機の新鋭のフォッケウルフFw190戦闘機が攻撃機群に対し攻撃を開始したのだ。そしてこの攻撃により鈍足のソードフィッシュ雷撃機六機は全機が一撃で撃墜されてしまったのである。三隻の主力艦には一発の魚雷も発射されなかった。そしてドイツ主力艦は意表を突いた作戦により無事にドーバー海峡を突破し、ヴィルヘルムスハーフェン基地にたどり着くことができたのである。

イギリス海・空軍の完全な判断の読み違いを利用した見事な脱出劇であったが、一方のイギリス側は軍部内の猛攻を受けることになったのである。六機の雷撃機の出撃は無謀であったのだ。

余談ながら、戦果は得られなかったものの、この悲劇的な出撃の指揮官であったエズモンド海軍少佐に対しては、その後イギリス軍人最高の武功勲章であるヴィクトリア十字勲章が死後授与されている。

ドーリットル空襲

この爆撃行は構想自体が成功・不成功を度外視したものであり、真珠湾で日本軍に徹底的に痛めつけられたアメリカ側としては、「成功すれば価値がある、やらなければならない」と、まさに博打のような作戦だったのである。

一九四二年（昭和十七年）四月十八日正午、千葉県と茨城県の上空を通過し東京方面に断続的に向かう、一六機の正体不明の双発機があった。編隊は組んでいない、バラバラである。

この正体不明の機体は東京の各所に爆弾を投下し、地上に向かって機銃掃射を行なった。一部の機体は横須賀上空に現われ、海軍横須賀工廠に爆弾を投下、改造工事中の航空母艦「龍鳳」に損傷を負わせた。そしてさらに一部の機体は名古屋と神戸に爆弾を投下し、いずれも西の方角に向かって飛び去った。

この突然の正体不明の機体に対し日本陸軍の戦闘機の何機かは緊急離陸し追いかけたが、

追いつくことはできなかったのである。正体不明の機体の標識がアメリカのものであることが確認され、明らかにアメリカ側の反撃であることには疑いはなかった。しかしこれらの延べ十数機の双発機はどこから飛来したのであろうか。

日本軍部はアメリカの日本に対する爆撃に対しては警戒は十分にしていたが、それはあくまでも日本本土に接近した航空母艦からの艦載機による攻撃、と断定していたのである。ただ当時アメリカが開発中の長距離四発重爆撃機のダグラスB19や、すでにアジアにも実戦配備されているボーイングB17四発重爆撃機による、アリューシャン列島方面からの長距離爆撃は考えていた。しかし実際に現われたのは中型の双発爆撃機である。

軍部が困惑し混乱したのは当然であった。中型の双発爆撃機は航空母艦から出撃は不可能なはずである。

日本海軍は戦争の勃発直後から、日本に接近する空母を含む敵艦隊をいち早く発見するための準備はしていた。レーダーがまだ実用の域に達していなかった日本海軍が採用した苦肉の対策であった。それは「人間レーダー」、つまり日本近海に無数の小型船を配置して、目視によって敵をいち早く発見しようとする方法である。

この「人間レーダー」に使う小型船は徴用した小型漁船である。日本中から徴用した多数の遠洋延縄漁船や底引き網漁船、あるいは遠洋カツオマグロ漁船を特設監視艇として任務に就かせるのである。これらの監視艇は碁盤の目のように区分けされた本州東方洋上に配置し、各監視艇は指定された碁盤の目の位置周辺を移動しながら監視の目を光らせるのである。特設監視艇の目的で徴用された漁船は当初は一二〇隻ほどであったが、ドーリットル空襲以後はさらに強化され、最終的には一七〇隻を超える数となった。

これら特設監視艇隊はその配置場所から通称「黒潮部隊」と呼ばれていた。そしてこの特設監視艇は三五～四〇隻を一つのグループとし、それぞれの隊は同じく徴用された小型貨物船などを改装した特設砲艦の指揮の下に三つのグループ（監視艇隊）に区分された。そして各グループはおよそ三週間を周期に交代しながら、孤独で忍耐を強いられる任務を続けたのである。
（注）これら監視艇隊は日本海軍の北方防備の第五艦隊の指揮下にある第二十二

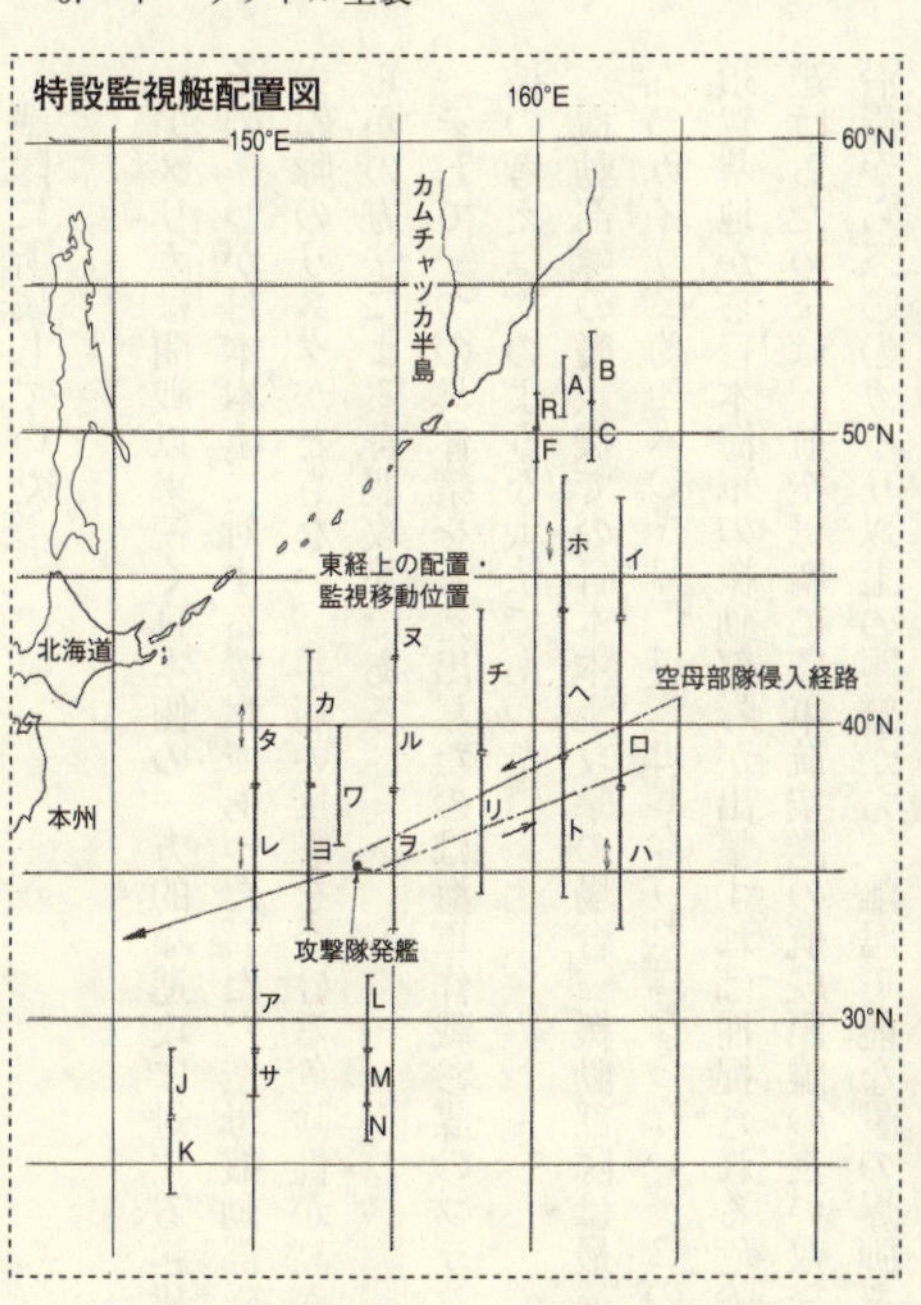

戦隊に所属していた。

アメリカは開戦以来続く日本側の一方的な進攻に対する起死回生の反撃を検討していた。その一つが日本本土に対する爆撃であった。ただ空母機動部隊による攻撃は日本へ接近する大艦隊のリスクがともない、手痛い反撃を受ける危険性が高かった。実行するのであれば何らかの方法による奇襲攻撃である。

そして一つの具体策を考え出したのは海軍作戦参謀のフランシス・S・ロウ大佐であった。彼の考えは次のような戦法であった。

機動部隊の艦載機での日本本土攻撃の場合、機動部隊は最遠距離でも日本沿岸におよそ二五〇カイリ（約四六〇キロ）は接近しなければならない。この距離は事態が起きた直後に横須賀基地から日本海軍の機動部隊が出撃すれば捕捉される危険度が極めて高い。その危険を避けるためには、航空母艦に陸軍航空隊の航続距離の長い双発爆撃機を十数機搭載し、日本沿岸から三〇〇カイリ以上の距離から、離艦可能な量の爆弾を搭載させて出撃させる。そして日本の要地を急襲しそのまま西方に直進し、中国大陸の中国軍の勢力地域の航空基地に着陸する。この方法であれば、爆撃機の搭乗員はアメリカ本国に帰還できる可能性は高いとしたのであった。

この奇抜な戦法は直ちに採用され、実行計画が進められたのである。この攻撃に採用できる最適の航空機は実用化まもないノースアメリカンB25双発爆撃機である。そして作戦に参加する搭乗員は全米の爆撃機航空隊から志願で集められたのである。

使用するB25爆撃機は一六機、そして志願してきた搭乗員の中のパイロットは短距離での離陸訓練を繰り返し行なったのである。搭乗員たちにはこの特殊爆撃機チームの任務は明かされていなかった。

準備は着々と進められた。使用する空母は新鋭のホーネットであった。海上の風速が秒速五メートルの場合、母艦を三三ノットの最高速力で直進させれば、飛行甲板での向かい風の合成風速は秒速二二メートルに達し、満載の燃料と二〇〇〇ポンド(約九〇〇キロ)の爆弾を搭載しても、飛行甲板上を一二〇メートル滑走すれば離艦できる、と試算されていたのであった。

航空母艦からのB25爆撃機の離艦訓練は早くも一九四二年二月二日から開始された。任務遂行のための機体には最新型のB25B型が選ばれた。但し機体の重量を可能な限り軽減するために、胴体下部に搭載された一二・七ミリ機関銃旋回砲塔は撤去された。さらに重量のある一部防弾鋼板も取りはずされた。そして爆弾倉の内部に特設の燃料タンクを配置し、爆弾搭載量を正規の半分の二〇〇〇ポンドとした。これにより本機の航続距離は三七〇〇キロが確保されるはずであり、本州の犬吠埼沖約七〇〇キロの海上で出撃させれば、日本本土を攻撃後は、中国大陸の内陸部約三〇〇〇キロに着陸させることが可能と計算されたのである。

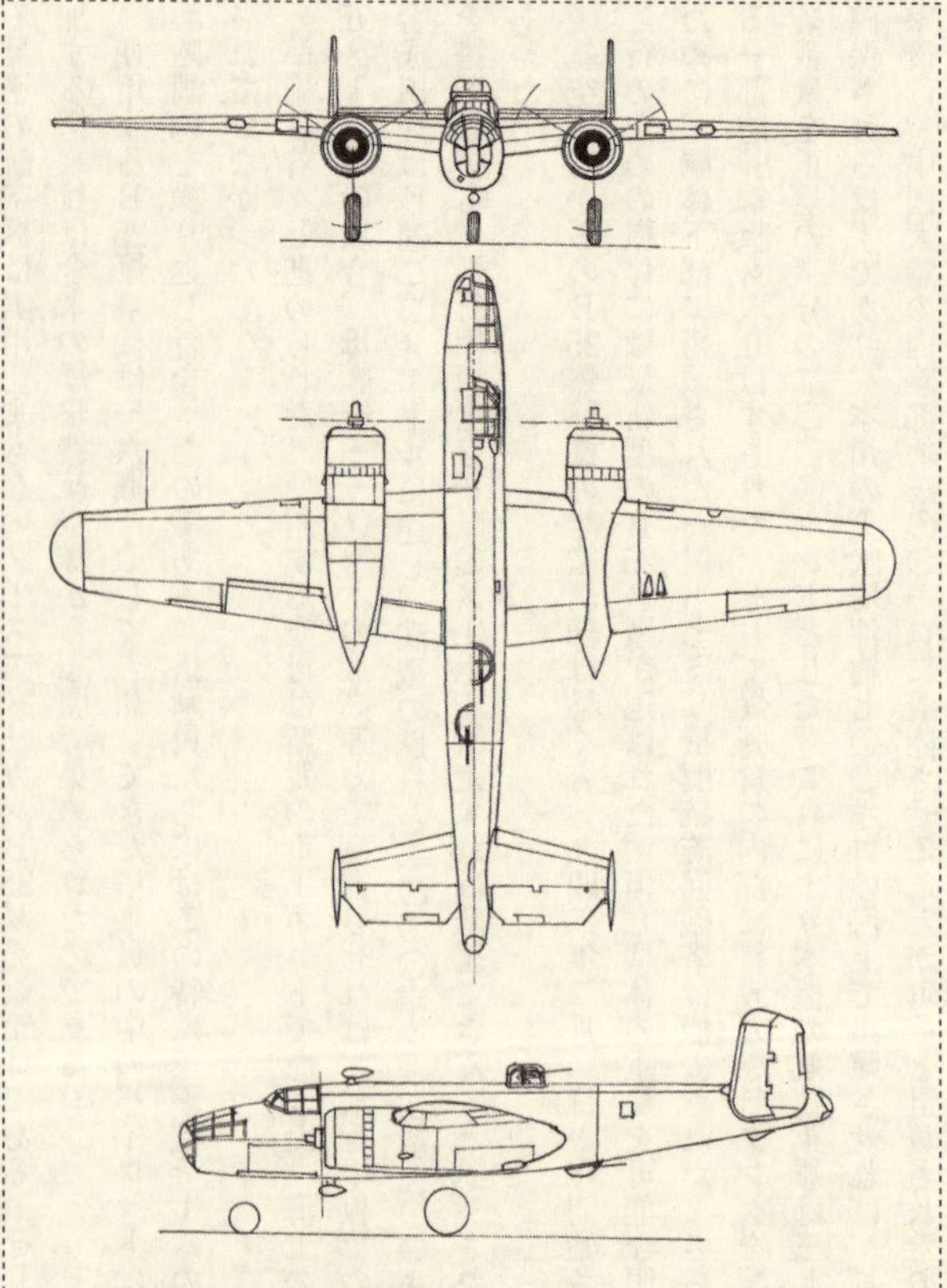

ノースアメリカンB25B爆撃機

全幅：20.6m　全長：16.1m　自重：8840kg　エンジン：ライトサイクロンR2600空冷複列18気筒×2　最大出力:1700馬力　最高速度：438km／h　航続距離：2175km　爆弾搭載量：1360kg　武装：12.7mm機関銃×5

特設監視艇第二十三日東丸

装備を整えた特別攻撃隊は一六機のB25爆撃機と共に、一九四二年四月二日にひそかにサンフランシスコ港を出港した。空母ホーネットの飛行甲板の後半部には一六機のB25が並べられていた。

空母ホーネットは途中、巡洋艦三隻と駆逐艦四隻、そして給油艦一隻と合流し、さらに支援部隊の空母エンタープライズの一隊と合流し一路日本をめざしたのだ。

攻撃計画では攻撃部隊の一六機の爆撃機は、四月十八日午後二時二十分に本州東方沖七〇〇キロの海上で空母ホーネットから発艦し、攻撃隊が東京上空を通過するのは夜間に入る予定であった。一番機はドーリットル陸軍中佐搭乗の機体で、同機からは東京の中心部に着色発光弾を投下し、後続機の侵入目標にする予定であった。しかし事態は突然に変化したのである。

四月十八日午前六時三十分、監視の配置から次の監視部隊と交代のために基地へ帰還しようとしていた特設監視艇の一隻（第二十三日東丸：九〇総トンの遠洋底引き網漁船）が、はるか沖合に正体不明の大型艦らしき姿を発見したのだ。第二十三日東丸からは直ちに基地司令部に対し「敵軍艦らしき艦影発見」の緊急無電が発せられた。さらに同艇からは「敵機らしき二機接近中」との緊急無電が発進された後に無電は途切れたのであった。日本急襲部隊は発見されたのである。しかも「人間レーダー」である特設監視艇によって発見されたのであった。

この状況にアメリカ奇襲部隊では一瞬迷いがあった。それは発見された位置は本来の攻撃部隊発艦予定位置よりも三〇〇キロも東方になるのである。もしここで攻撃隊を発艦させれば、攻撃部隊は中国大陸に到達できるかどうか、その限界位置に相当するのである。しかし作戦は実行されたのである。

作戦参謀たちは次のように判断したのだ。「攻撃部隊発艦の位置までさらに進んだ場合には、日本側の航空機や航空母艦部隊の攻撃はもはや必至であり、多少の無理はあろうとも攻撃隊の発艦は直ちに行なうべきである。攻撃部隊が中国大陸に到着できるか否かは実行してみなければわからない。航続距離の限界はあるが、その判断は到達の可能性に賭け、攻撃効果を考えれば実行すべき価値がある」と判断したのであった。

空母ホーネットからは出撃予定時間より六時間以上も早い、午前七時二十分にドーリットル中佐が操縦する攻撃一番機が発艦した。出撃全機の爆弾倉には五〇〇ポンド（二二五キロ）通常爆弾四発が搭載されていた。搭乗員は五名である。

空母ホーネット艦上のノースアメリカンB25

　一六機全機が無事に飛行甲板を離れた。出撃した爆撃機は直ちに攻撃目標に向かい低空で進んだ。このために日本本土に到達した爆撃機はそれぞれが単独でバラバラの状態だった。全機は昼前には茨城県から千葉県にかけての海岸線から日本本土に侵入した。飛行高度は三〇〇メートルから五〇〇メートルという低空であった。これは日本が装備しているであろうレーダーに対する警戒と、上昇することによりエンジンに負荷がかかり、多くの燃料が消費されることを控えるための対策であった。

　海岸線を越えた爆撃機の中の一〇機は東京の各所に四発の爆弾を断続的に投下し、さらに機体によっては低空から胴体後上部の連装機関銃で地上を掃射したのである。一〇機の爆撃機が東京上空に現われたのは四月十八日の正午過ぎであった。また二機の爆撃機は横浜上空に現われ同じく爆弾をばらまいた。さらに一機の爆撃機は横須賀上空に現われ、低空か

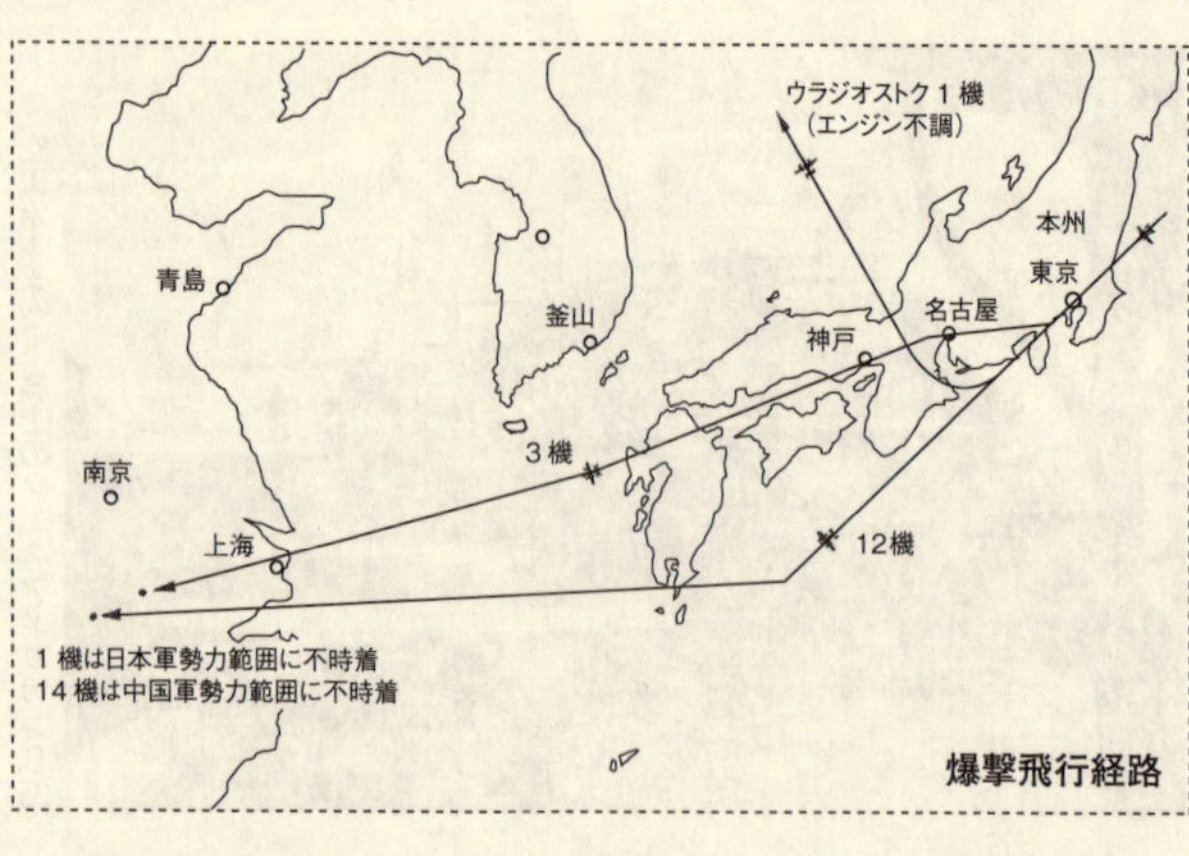

爆撃飛行経路

ら爆弾を投下し、その一発が横須賀工廠のドックで改装中の軽空母「龍鳳」に命中し、同艦の完成を大幅に遅らせる結果を招いたのである。

東京で爆撃を受けたのは現在の呼称で荒川区尾久、新宿区早稲田、品川区界隈で、被害は家屋二五一戸破壊もしくは焼失、死者三九名であった。なお死者の一名は機銃掃射で亡くなった女児であった。

爆撃を終えた一三機はそのまま東海道沖の海上上空を西進し、四国沖から九州南端沖を通過して中国大陸へ向かって東シナ海上空を飛んでいったのだ。

残る三機の爆撃機のうちの二機は名古屋上空で同じく低空から爆弾を投下し、また一機は神戸上空に侵入し爆弾を投下して中国大陸へ向かって飛び去ったのである。ただ東京を爆撃した攻撃部隊の一機はエンジンの不調により、途中より機首を北へ向けソ連のウラジオストクへ向かって日本海を横断していった（同機はその後無事にウラジオストクに到着したが、機体は胴体着陸で破壊され搭乗員は拘留されることになったのである）。

一方中国大陸に向かった攻撃部隊は全機が中国大陸に到達し、海岸線を超えると燃料の続く限りさらに西へ飛び続け、飛行場が見つからないので全機が燃料ゼロの状態で胴体着陸またはパラシュート脱出した。そして西進した一五機中一四機の乗組員はすべて中国軍の勢力圏内に帰着したのだ。しかし残る一機は燃料切れで五名全員がパラシュート降下したが、不運にもそこは日本軍の勢力範囲の地の南昌で、日本軍の捕虜となってしまった。そして取り調べの後にうち四名が処刑されるという悲劇に直面したのであった。

なお日本軍がこのときの爆撃機が航空母艦から出撃したことを知ったのは、これら捕虜の証言によるものであった。

中国軍に救助されたパイロットはその後、全員が紆余曲折の末、陸路と空路さらに海路でアメリカに帰還しているのである。そして指揮官のドーリットル陸軍中佐はその後陸軍少将に昇進し、ノルマンジー上陸作戦に際してはアメリカ陸軍航空隊の作戦参謀の一人として活躍、後に大将に昇進している。

ラエ基地爆撃行の悲劇

太平洋戦争の勃発直後からおよそ八ヵ月の間、日本海軍の陸上を基地とする戦闘機隊の中で最も激しく戦い、輝かしい戦果を挙げた航空隊は、零式艦上戦闘機を擁する台南航空隊であろう。

台南空の帳簿上での戦闘機戦力は、零式艦上戦闘機五四機と陸上偵察機（九八式偵察機）六機の六〇機編成であった。しかし開戦当時の実戦力は零式艦上戦闘機（二一型）四五機、九六式艦上戦闘機一二機、陸上偵察機六機であった。同航空隊は開戦当日、台湾の基地から陸上攻撃機援護のために、フィリピンのマニラまでの片道九六〇キロを長駆往復したのである。これは当時の世界のどの戦闘機もなし得なかった偉業であった。

フィリピン占領後は台南空は引き続き蘭印攻略作戦に参加し、ボルネオ島のタラカン攻略作戦を支援、ボルネオ島占領後は同島南部に位置するバリクパパンを基地に、ジャワ島攻略

ニューギニア島東部の日米基地（1942年4月）

作戦に参加している。このときもボルネオ島の基地から長駆ジャワ島まで大編隊で侵攻し、迎撃してきた蘭印（オランダ領インドシナ＝現在のインドネシア）空軍の戦闘機戦力を壊滅しているのである。まさに向かうところ敵無しの強力な戦力を備えた戦闘機航空隊だったのである。

蘭印作戦が一段落した後に、同航空隊は一九四二年（昭和十七年）四月一日付で新たな任地へ移動することになった。移動先はソロモン諸島のニューブリテン島の要地ラバウルであった。台南空の航空機搭乗員と基地要員全員は関連資材と共に特設航空機運搬艦（大型貨物船改装）小牧丸に乗船し、ラバウルに向かったのであった。

小牧丸は四月十六日に無事にラバウルに到着したが、数日後に同船はニューギニア東端のポートモレスビーから飛来したボーイングB17爆

ラエ基地から発進する零戦二一型

撃機の攻撃を受け、数発の爆弾を受けラバウル湾に着底してしまった。
その後台南空は新たな零戦の補充を受け、戦力の半分の二四機がニューギニア島の東北端のラエに新設された航空基地に移動したのであった。
ラエ基地は急増の基地で、土を転圧しただけの滑走路は長さも一〇〇〇メートルに満たない飛行場であったが、数門の高角砲と機銃が配置され、粗末な搭乗員宿舎も設けられていた。この基地の建設目的は、米豪連合航空隊の基地であるポートモレスビー基地への制圧と牽制であった。両基地の距離はおよそ四〇〇キロで、零戦にとっては片道一時間半の行程であった。しかしその途中にはニューギニア島の脊梁山脈の東端に伸びる標高三〇〇〇メートルを超えるオーエンスタンレー山脈があり、天候の激変する空域であったのである。
ラエ基地に派遣された二四機の零戦のパイロットたちは歴戦の猛者ぞろいであった。海兵出身の笹井醇一中尉を中心に、坂井三郎、太田敏夫、宮崎儀太郎、西沢広義、羽藤一志などの下士官パイロットたちは全員が歴戦のエース級の腕前で、日本海軍最強、言いかえれば世界最強の戦闘機隊を構成していたのであった。

彼らの任務はポートモレスビー爆撃に向かうラバウル出撃の爆撃機部隊の援護と、独自に行なうポートモレスビー駐留の米豪連合の戦闘機勢力の制圧であった。この敵戦闘機制圧攻撃の場合は零戦一二機が基本戦力で、敵基地上空まで侵攻し、迎撃してくる敵機との空中戦であった。

当時のポートモレスビーにはアメリカ陸軍航空隊の戦闘機中隊が駐留しており、使用機はベルP39戦闘機が主体であった。同機の格闘性能は零戦に比較すれば格段に劣るもので、補充される機体も少なく米軍側はつねに苦杯をなめていたのであった。また爆撃機部隊も駐留していたが、ボーイングB17爆撃機数機、マーチンB26爆撃機数機、ノースアメリカンB25爆撃機数機の戦力で、全力が揃ったとしても二〇機程度の戦力で、苦戦を強いられていたのである。しかし米軍側もときどきはこれら少数の爆撃機を投入し、長駆ラバウルの爆撃を行ない、ラエ基地の爆撃にも出撃していたのである。

ポートモレスビー基地もラエ基地と大きく変わるところはなく滑走路は土を転圧した構造のもので、滑走路の長さは爆撃機を運用するために一八〇〇メートル程度はあった。

そのような状況下の一九四二年五月二十四日、六機のノースアメリカンB25双発爆撃機がラエ基地爆撃のために、ポートモレスビー基地を出撃したのであった。

この日出撃したノースアメリカンB25双発爆撃機は、ドーリットル攻撃隊が使用したものと同じB型で搭乗員は五名、爆弾倉には五〇〇ポンド（二二五キロ）爆弾六発が搭載されていた。

同機の防御火器は機首に一二・七ミリ機関銃一梃、胴体後上部に一二・七ミリ機関銃二梃を装備した銃座一基、胴体後下部にはペリスコープ照準の同じく一二・七ミリ機関銃二梃を装備した砲塔一基が装備されていた。

本機のカタログ上での最高時速は四五〇キロであるが、灼熱の気候や整備環境の劣悪さ、しかも酷使されているエンジンは出力が低下し、最高時速は時速四〇〇キロを多少上回る程度に低下していた。一方のラエ基地の零戦二一型は酷暑多湿の環境の中でも整備員の努力により、最高時速五三〇キロは確保されていた。

ポートモレスビー基地を出撃した六機のB25爆撃機の編隊は、間近に迫るスタンレー山脈を越えるために直ちに高度を四〇〇〇メートルに上昇させた。しかし山脈を越えたのちはラエ基地に奇襲攻撃を加えるために高度を落とし、ラエ基地上空には高度一〇〇〇メートル程度で侵入する計画であった。

しかしこの六機の爆撃機の編隊は途中の日本側の拠点であるサラモア上空通過時に日本側に探知され、敵機来襲の情報は直ちにラエ基地に伝えられていたのであった。警報を受けたラエ基地では直ちに戦闘機出撃の準備が始まった。

搭乗員はすでに即時離陸が可能な状態の零戦に飛び乗るとわれ先にと離陸態勢に入ったのである。零戦は滑走距離わずか四〇〇メートルにも満たない距離で離陸が可能であった。このとき緊急出撃した零戦は一二機前後とされている。B25爆撃機はサラモアを迂回し高度を下げラエ基地に海上から侵入する計画であった。しかし早くもその前面には零戦の一群が蜂の群れのように待ち構えているのが見て取れたのである。

零戦の一群はアッという間に散開するとたちまち攻撃姿勢に入り、B25爆撃機の後方から激しい機銃弾を浴びせてきたのだ。その動きは素早く爆撃機側の機銃の照準を定める暇もないほどの速い動きであったのだ。そして攻撃は素早く正確であった。

一機のB25の主翼の燃料タンクが命中弾を受け爆発、機体はたちまち回転を始めるとそのまま直下の海面に突入した。二機目のB25も二〇ミリ機銃弾の命中で主翼の燃料タンクが爆発し、そのまま機体も四散し海面に落下していった。三機目のB25は二〇ミリ機銃の射弾を受けると操縦士が負傷したらしく、機体は急激に横転するとそのまま海面に突入し四散した。四機目のB25も主翼に命中弾を受けると片方の主翼が吹き飛び、機体は急激に回転したまま海面に突入していった。五機目のB25も主翼から激しい火炎を吹き出し、錐もみ状態に陥りそのまま海面に突入して果てた。

六機目のB25は僚機に比べると幸運であった。ラエ基地を爆撃する余裕などはなく、爆弾を捨てるように投下すると、そのまま旋回し山脈の方向に進んだ。機体はすでにズタズタ状態であることが見て取れたがまだ飛んでいた。零戦の攻撃を必死で逃れ、スタンレー山脈を越え、一気に高度を下げ基地に向かって着陸態勢に入った。しかし主脚装置が被弾しているらしく脚が出ない。機体はそのまま滑走路に胴体着陸した。着陸した機体は見るも無残な状態で、二度と飛行ができる状態ではなかった。そして搭乗員のすべてが重傷を負っていた。B25爆撃機六機が出撃し、五機が撃墜され一機がスクラップの状態で帰還した。攻撃隊は全滅である。

四日後の五月二十八日、再びラエ基地爆撃のために六機のマーチンB26爆撃機が出撃した。今回も爆弾倉内には六発の爆弾が搭載されていた。搭乗員は六名である。最高速力はB25よりは多少は早いが酷使のために、高速爆撃機と呼ばれてはいるものの、時速四五〇キロが限界であった。

マーチンB26爆撃機は双発で、高速を出すために主翼幅が短く、しかも主翼面積が狭かったために着陸速度が速く、事故の多い機体として実戦部隊からは敬遠されていたのだ。このときポートモレスビー基地に配置されていたB26爆撃機は初期のA型で、この基地に配置されていたB26は、同型式の爆撃機としてはアメリカ陸軍航空隊の中では唯一の実戦部隊配備の機体だったのである。しかしこの基地の爆撃隊ではこのような機体でも貴重な戦力であったのだ。前回のB25爆撃機部隊の復讐のためにも出撃させたのだ。

本機の防御火器は機首に七・七ミリ機関銃一梃、胴体後上部に一二・七ミリ機関銃二梃装

マーチンB26

備の動力銃座を、機尾には一二・七ミリ機関銃一梃を装備していた。
今回も攻撃機の編隊は海上方向から低空でラエ基地に接近したのである。しかし攻撃隊来襲の情報はすでに基地に伝えられており、一〇機を超える零戦が基地上空で待機していたのである。
この状況を遠方から目撃した攻撃隊の指揮官機は、攻撃目標をサラモアに変更すべく編隊を左に旋回させたのである。そして高度を四〇〇〇メートルまで上昇させようとしたが、その前にこの動きを零戦側は察知していたのである。猛り狂った零戦の一隊はB26爆撃機の編隊に接近していた。この動きに対し爆撃機側は少しでも速力を上げるために今度は緩降下で高度を下げ始めたのであった。緩降下による増速で時速五〇〇キロ近くは出せるはずで、零戦の攻撃を少しでも避けられるはずであった。
しかしその期待もむなしく零戦の一群はたちまち爆撃機編隊を捕捉し、早くも一機のB26爆撃機が主翼に命中弾を浴び

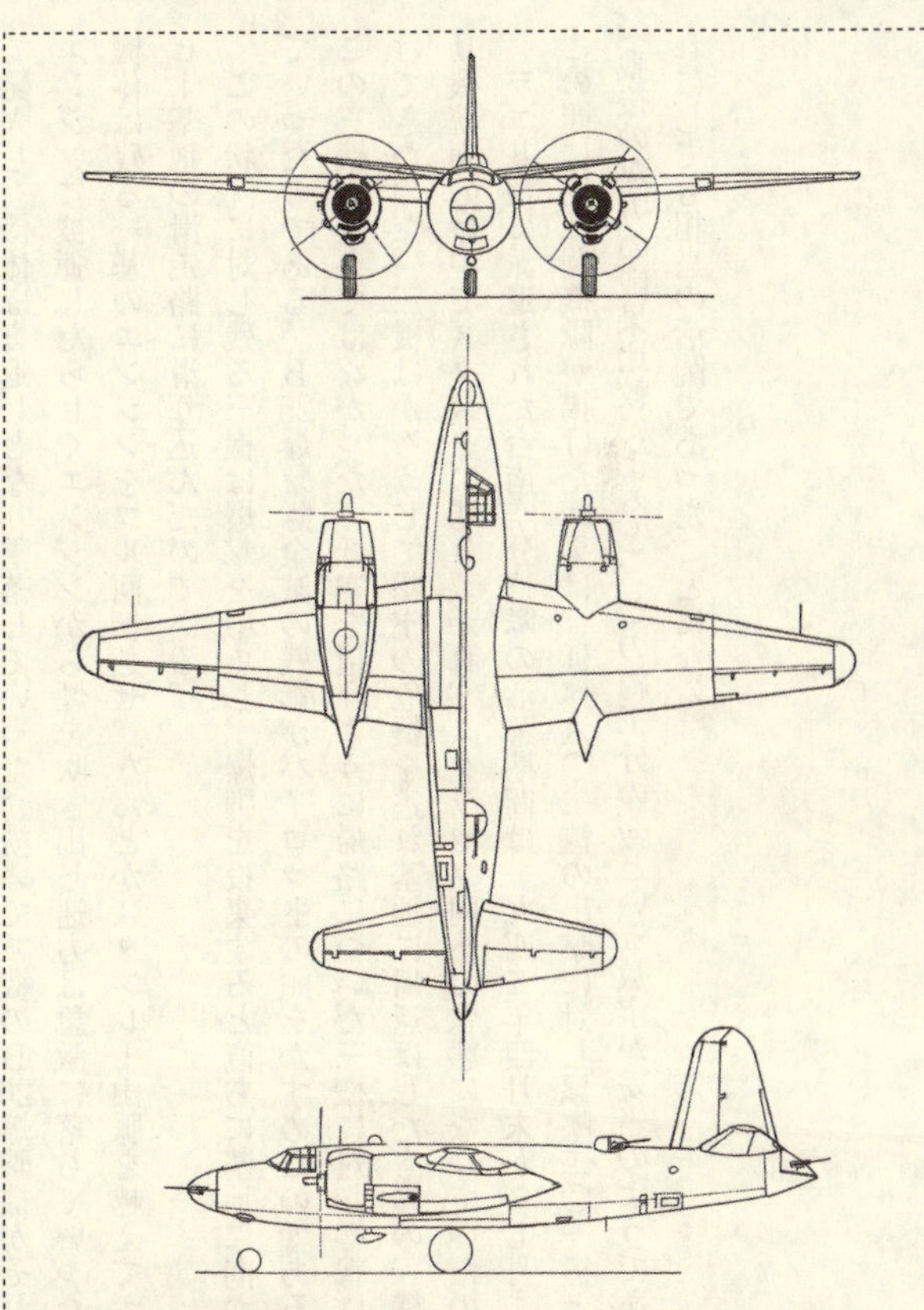

マーチンB26A爆撃機

全幅：21.60m　全長：17.75m　自重：10900kg　エンジン：P&W・R2800空冷複列18気筒×2　最大出力：2000馬力　最高速度：455km／h　航続距離：4590km　爆弾搭載量：1360kg　武装：12.7mm機関銃×12

て発火し、機体は裏返しとなり墜落していった。続いて二機のB26爆撃機がそれぞれ一基のエンジンに被弾したらしくエンジンから煙を吹き出し速力は急激に落ちていった。これらの機体は残る一基のエンジンをフル回転させ、なんとかスタンレー山脈を越えてポートモレスビー基地の滑走路に滑り込んだのである。

この状況に対し残る三機は爆撃を中止し、爆弾を投棄すると直ちに基地に向かって帰還していったのである。B25爆撃隊全滅の残影がパイロットの頭をかすめたのであろう。しかしこの三機も無事ではなかった。低空を這うように帰路についた三機に対し零戦は猛攻を仕掛けてきたのだ。三機はかろうじて撃墜の危機を逃れ基地に帰還はしたものの、機体は二〇ミリ機銃弾の命中でズタズタに切り裂かれ、スクラップ同然の状態になっていたのだ。

ラエ基地に派遣された台南空分遣隊の活躍期間は一九四二年四月末から七月までであるが、この間に同戦闘機隊が掲げた戦果は、延べ六〇二機の出撃に対し撃墜二〇一機とされている(戦後の双方の戦果比較によると、この約三分の一という数字が妥当のようであったが、それにしても相当の活躍であったことになる)。

アメリカ海軍雷撃隊全滅

太平洋戦争の日米両軍の戦いの大きな分岐点になったミッドウェー海戦では、様々な劇的な場面が誕生している。日本側の主力航空母艦四隻の喪失と、アメリカ側の主力航空母艦ヨークタウンの喪失は、両海軍にとって衝撃が大きすぎた。この中において、空母艦載機の最も悲劇的な場面を演じたのが空母ヨークタウンの雷撃機隊であった。

この海戦は一九四二年六月五日から六日にかけて、ミッドウェー島周辺の海域で両軍の機動部隊の間で展開されたが、この海戦に参加した両機動部隊の艦載機の戦力は、日本海軍が艦上戦闘機、艦上爆撃機、艦上攻撃機合計二五二機、アメリカ海軍が艦上戦闘機、艦上爆撃機、艦上攻撃機合計二三〇機であった。その他にもアメリカ側はミッドウェー基地の艦上爆撃機、艦上攻撃機、陸上爆撃機など合計四八機が参加した。

当日の早朝、日本海軍の機動部隊からはミッドウェー島の上陸部隊の侵攻に先立ち、戦闘

空母ヨークタウン

機や爆装した攻撃機など合計一〇〇機が同島の陸上施設攻撃を展開した。
しかしこのとき日本海軍の機動部隊のはるか東方の沖合では、空母ホーネット、エンタープライズ、ヨークタウンからなる機動部隊が、すでに位置が確認されていた日本の機動部隊の攻撃に向けての準備が進められ、そして出撃を開始していたのだ。
その合計戦力は艦上戦闘機（グラマンF4F）二六機、艦上爆撃機（ダグラスSBD）八五機、艦上攻撃機（ダグラスTBD）四〇機であった。合計機数は一五一機という一大攻撃戦力であった。
日本機動部隊の前面に最初に現われたのが艦上攻撃機ダグラスTBDデバステーターの四〇機の編隊であった。編成は空母ヨークタウン所属一二機、ホーネット所属一四機、エンタープライズ所属一四機であった。これら四〇機の艦上攻撃機はいずれも各機魚雷一本を搭載していたが、編隊を援護する戦闘機群はなかった。

ダグラスTBD

そしてこの四〇機の攻撃機は各空母の編隊ごとに日本の空母「赤城」「加賀」「飛龍」へと向かい、低空に降下し雷撃態勢に入っていったのである。

ダグラスTBDデバステーター雷撃機はアメリカ海軍の雷撃機としては、初飛行以来七年が経過し旧式化しつつあった。アメリカ海軍は新しい艦上攻撃機としてグラマンTBFアヴェンジャーを開発しており、すでに量産も始まっていた。しかし空母部隊への配置は進んでおらず、初期生産型の一部が陸上基地用の攻撃機として数機がミッドウェー島の海兵隊航空隊に試験的に配置されていたのである（配置されていた数機のこれらTBFは魚雷を搭載し日本機動部隊に対し果敢にも雷撃に挑んだが失敗に終わっていた）。

TBD艦上攻撃機は全幅一五・三メートル、全長一〇・七メートル、最大出力九〇〇馬力のエンジンが搭載され、最高時速三三二キロという性能だった。そして魚雷を搭載した場合には最高時速は二〇〇キロ台という旧式機だったのである。しかし新型の艦上攻撃機はこの時点ではまだ量産が進まず、空母部隊への配備は遅れていたのであった（空母部隊の雷撃隊にＴＢＦ攻撃機が配置されたのはこの時より三ヵ月も先であった）。

午前九時二十分頃、日本海軍機動部隊の前に戦闘機をともなわないＴＢＤ攻撃機四〇機の大群が現われたのである。但しこの時より少し遅れて上空五〇〇〇メートル以上には八〇機を超す艦上爆撃機の大群と護衛戦闘機の大編隊が機動部隊に接近していたのであった。

敵攻撃機群が日本機動部隊の各空母に向かって低空で接近するのを発見した上空警戒中の二〇機以上の零戦の全機は、一斉に低空に降下し敵攻撃機に対する攻撃を開始したのだ。

最初に犠牲となったのは空母ホーネット搭載のＴＢＤデバステーターの一四機であった。雷撃隊は空母「赤城」に向かって攻撃態勢に入っていた。その各機は後席の唯一の武装である一梃の七・七ミリ機関銃で防戦したが、百戦錬磨の零戦パイロットの前には射的場の標的の一つに過ぎなかったのである。海面すれすれまで低空に逃げ込んだ攻撃機群は次々に二〇ミリ機銃弾の餌食となり、一四機の攻撃機の全機が魚雷を投下する前に撃墜されてしまった。

一方空母エンタープライズの雷撃隊一四機も空母「加賀」に向かって攻撃態勢に入っていた。しかしこの雷撃隊も魚雷投下前の一〇機が零戦により撃墜され、四機が魚雷投下に成功はしたがすべて回避されてしまったのだ。この四機は零戦の攻撃でズタズタに破壊されており、飛んでいるのが不思議なくらいであった。そして空母に帰艦はしたものの機体はスクラ

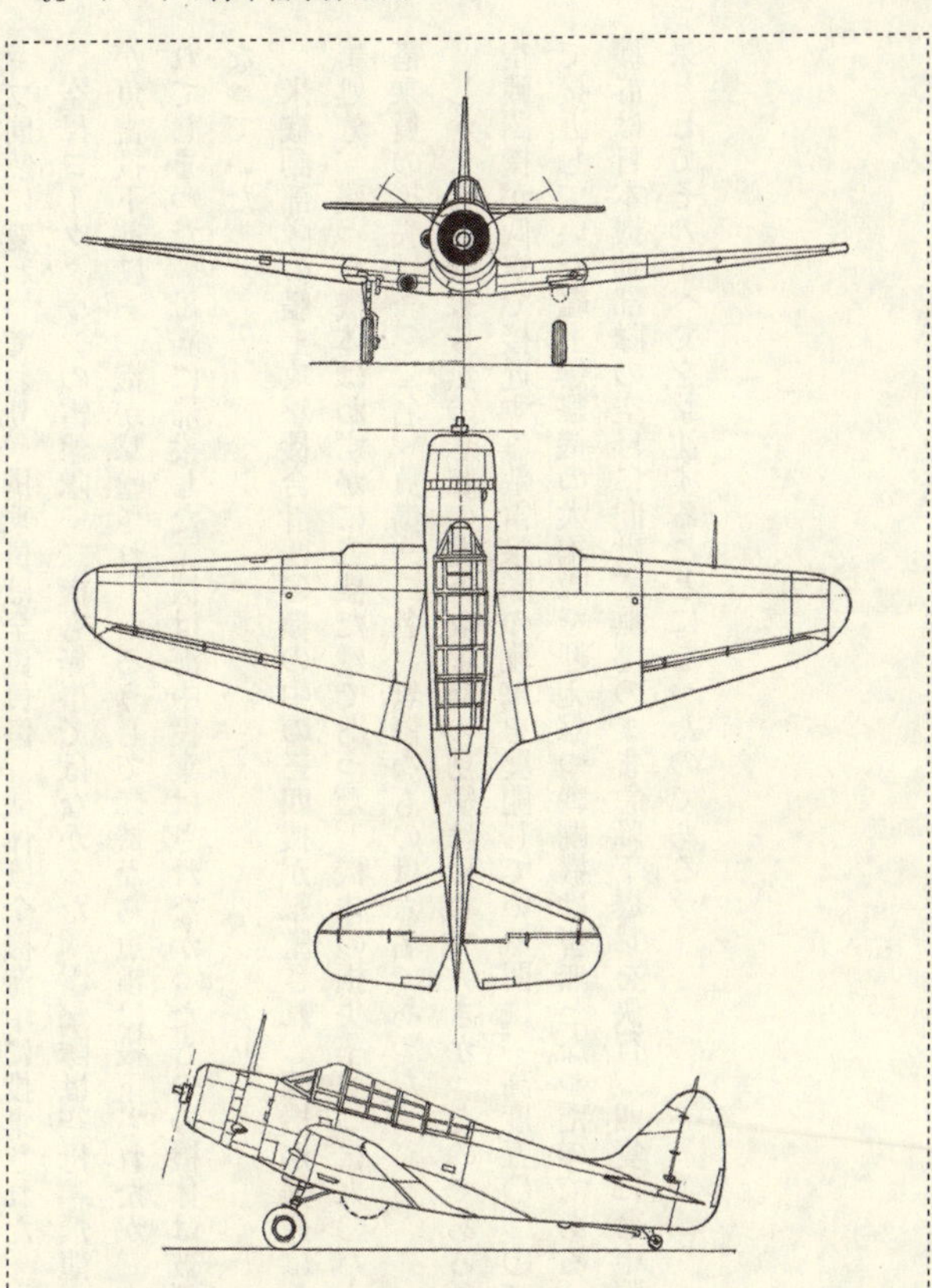

ダグラスTBDデバステーター艦上攻撃機
全幅：15.3m　全長：10.7m　自重：2780kg　エンジン：P&W・R1830空冷複列14気筒　最大出力：900馬力　最高速度：332㎞／h　航続距離：1150㎞　爆弾搭載量：750kg　武装：7.7㎜機関銃×2

ップ同然に変わっており、搭乗員は全員負傷、機体は全機海中に投棄された。

空母ヨークタウンの雷撃隊一二機も無事ではなかった。雷撃隊は空母「飛龍」に向かったが魚雷投下前に一〇機が撃墜され、かろうじて二機から魚雷は投下されたが二本とも回避されてしまった。母艦に帰投した二機は海中投棄はされなかったものの機体は被弾痕だらけとなっていた。

米機動部隊の艦上攻撃機合計四〇機の中の三四機が撃墜され、四機が帰還はしたものの廃棄処分、残った機体はわずかに二機だけであった。機体の損失率じつに九〇パーセント以上。搭乗員の損失は一〇二名、負傷一二名、無傷なものは六名であった。

しかしこの戦果皆無の悲劇の艦上攻撃機の功績は極めて大きかったのである。日本側の防空戦闘機が低空で接近する敵雷撃隊の攻撃を展開している間に、高度五〇〇〇メートル以上で接近していた艦上爆撃機の大編隊を迎え撃つ戦闘機は皆無となったのである。敵艦上爆撃機群は日本機動部隊の空母に向けて無傷のまま急降下爆撃を決行、四隻に命中弾を与え、結果としてそのすべてを撃沈することになったのである。

ガダルカナル悲劇の雷撃行

太平洋戦争中の日本海軍の主力大型陸上攻撃機（爆撃機）は一式陸上攻撃機であった。本機の試作機は一九三九年（昭和十四年）十月に初飛行している。三菱航空機開発による本機は、全幅二五メートル、全長二〇メートルで、双発機としては大型の部類である。そして本機の最大の特徴は五〇〇〇キロ以上にも達するその航続距離で、終戦までに合計二四〇〇機以上が量産された。

本機は昭和十六年に一式陸上攻撃機として制式採用され、実戦への初参加は昭和十六年七月の中国戦線であった。その後太平洋戦争が始まって約一年間は初期生産型の一一型が量産されたが、最大出力一五三〇馬力のエンジン二基を装備し、一トンの爆弾を搭載して最高時速四三〇キロを出し、海軍陸上攻撃機部隊の主力として活躍した。

本機は大型機にしては操縦特性に秀で運動性に優れ、各戦線で好評を博すことになったのである。しかし本機の最大の欠陥は、皮肉なことに最大の特徴である長大な航続距離を可能にした主翼内のインテグラル式燃料タンクにあった。

大型爆撃機などの燃料タンクは主に主翼内に設けられるが、その場合はほとんどが別途製作した燃料タンク（多くは防弾構造となっている）を主翼内の空所に収める構造となっている。一方インテグラル式燃料タンクの構造は、主翼の外板と桁の構造材でできた主翼の内側の空所を、そのまま燃料タンクとして使う方式である。つまり主翼の外板の内側すべてが燃料タンクとして使われる構造なのである。そのために主翼外板の内側に防弾のための硬質ゴムを張り巡らすという方法も採用されておらず、敵弾が命中した場合にはたちまち主翼内の燃料が発火・爆発する危険性を持つことになったのである。

インテグラル構造方式の燃料タンクは長距離の旅客機などの燃料タンクには理想的な構造ではあるが、基本的には第一線に投入される戦闘用航空機に採用されるものではないのである。

初期生産型の一式陸上攻撃機の燃料タンクは、すべて防弾対策が施されていないインテグラルタンクが採用されていたのであった。

戦争勃発当初からしばらくの間は破竹の勢いで、向かうところ敵なしの状態で進展していた戦況の中では、一式陸上攻撃機も敵機の攻撃を受ける機会も少なく、初期型インテグラルタンクに対する懸念も忘れ去られていたのである。しかし一九四二年（昭和十七年）四月以降、ソロモン戦域、とくに東部ニューギニア戦線では一式陸上攻撃機による敵地爆撃の機会も増えるにしたがい、迎撃してくる敵機の攻撃で被弾すると一瞬で火だるまになって撃墜される機体が激増したのである。

この事態に対する対処方法はインテグラルタンクに対する基本的な改良以外にはなかったのだ。しかしそれには時間を要するのである。したがって当面は「燃えやすい」一式陸上攻撃機を戦場に投入する以外にはなかったのだ。事実命中弾で発火しやすい一式陸上攻撃機に対し、その後アメリカ軍は一撃で燃え上がることから「ワンショットライター（着火しやすいライターまたは簡単に燃え上がる着火剤の意味）」の綽名をつけたほどである。

日本海軍は東部ニューギニアの戦況とソロモン諸島方面の防備のために、海軍航空隊は一式陸上攻撃機で編成された飛行隊を拠点基地ラバウルに送り込んだ。このときラバウルに進出した陸上攻撃機部隊は、第四航空隊と三沢航空隊であった。それぞれ攻撃機定数二七機の航空隊で、同時に戦闘機部隊として台南航空隊（零式艦上戦闘機：定数五四機）もラバウルに進出していた。

一九四二年八月七日、第四航空隊の一式陸上攻撃機二七機と台南航空隊の零戦一八機は、この日ニューギニア島の最東端に位置するラビに新しく建設された、アメリカ陸軍航空隊の飛行場を爆撃する予定であった。二七機の陸上攻撃機の爆弾倉には各機六〇キロ爆弾一二発（合計七二〇キロ）が搭載されていた。しかし出撃直前になり出撃中止の命令が下ったのである。この日の早朝、ソロモン諸島の東端に位置するガダルカナル島に大規模な上陸作戦が展開されているという、緊急連絡が入ったのだ。航空隊の直接指揮統括担当の第二十五航空戦隊司令部は、ラビ爆撃を直ちに取りやめ、爆撃目標をガダルカナル島の米軍上陸部隊に急遽変更したのであった。一式陸上攻撃機に搭載されている爆弾は陸上攻撃用の爆弾で、いまさら上陸部隊の艦船爆撃のための爆弾に変更する余裕はなく、そのまの状態で出撃することになったのだ。

洋上を編隊を組んで低空飛行で飛ぶ一式陸上攻撃機

戦爆四五機の編隊は一〇〇〇キロ先のガダルカナル島に向けて直ちに出撃した。ガダルカナル島の上陸地点の北岸一帯には無数の艦船が集結していた。二七機の一式陸上攻撃機は高度五〇〇〇メートルから三〇〇発以上の六〇キロ陸用爆弾が投下され、艦船の群れのまわり

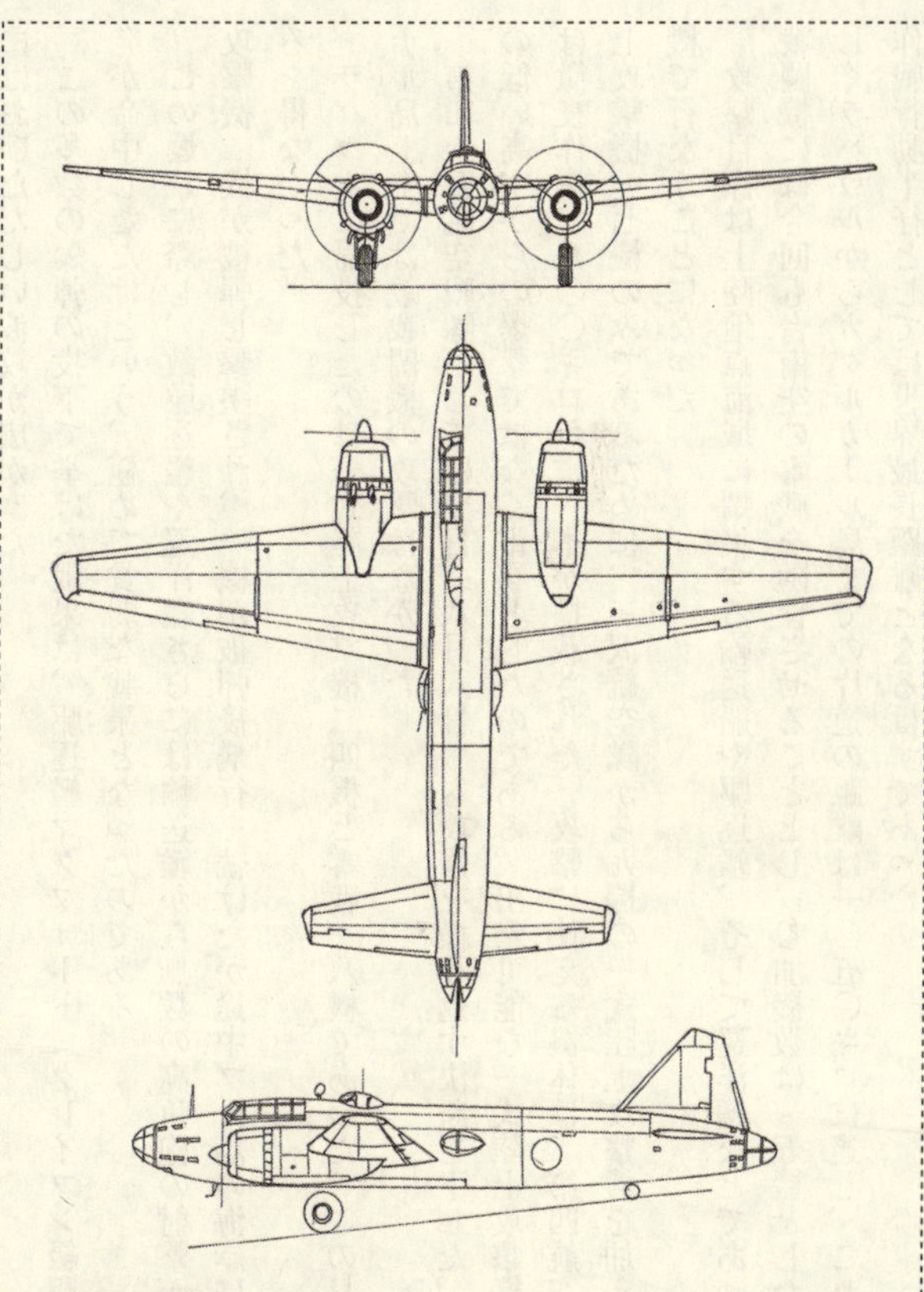

一式陸上攻撃機一一型(G4M1)
全幅:25.00m　全長:20.00m　自重:7000kg　エンジン:三菱火星一一型空冷複列14気筒×2　最大出力:1530馬力　最高速度:427㎞／h　航続距離:4283㎞　爆弾搭載量:1000kg　武装:20㎜機銃×1、7.7㎜機銃×4

にはおびただしい波紋が広がった。

この多数の爆弾の投下で挙げた戦果は、駆逐艦マグフォード（クレイブン級駆逐艦）に一発が命中しただけという、極めて貧弱な戦果となったのである。

この爆撃に際し、敵駆逐艦や巡洋艦さらには輸送艦から無数の高角砲の射撃が展開され、攻撃機二機が被弾し撃墜され、一機が被弾後飛行を続けたが途中ブカ島の海岸に不時着せざるを得なかった。

ラバウルに帰投したのは一式陸上攻撃機二四機と零戦一八機であった。この日はガダルカナル島上空では敵戦闘機の攻撃はなかった。

第二十五航空戦隊としては翌日（八月八日）も攻撃を繰り返す決断を下した。今回は精度の低い高空からの爆撃ではなく雷撃としたのである。出撃可能な一式陸上攻撃機の爆弾倉には徹夜作業で八〇〇キロ魚雷一本が搭載された。攻撃に使える機体は、第四航空隊の一式陸上攻撃機一七機のみであるために、三沢航空隊から九機の一式陸上攻撃機を加え、合計二六機で行なうことになった。

攻撃目標は上陸地点海域に蝟集する輸送船や駆逐艦、そして巡洋艦などであった。護衛の戦闘機には今回も台南空の零戦を随伴させることとし、参加機数は一五機とした。前日と同じくラバウルからガダルカナル島までの片道の距離は一〇五〇キロに達し、これは戦闘機の作戦行動半径としては世界最長距離となるはずであった。

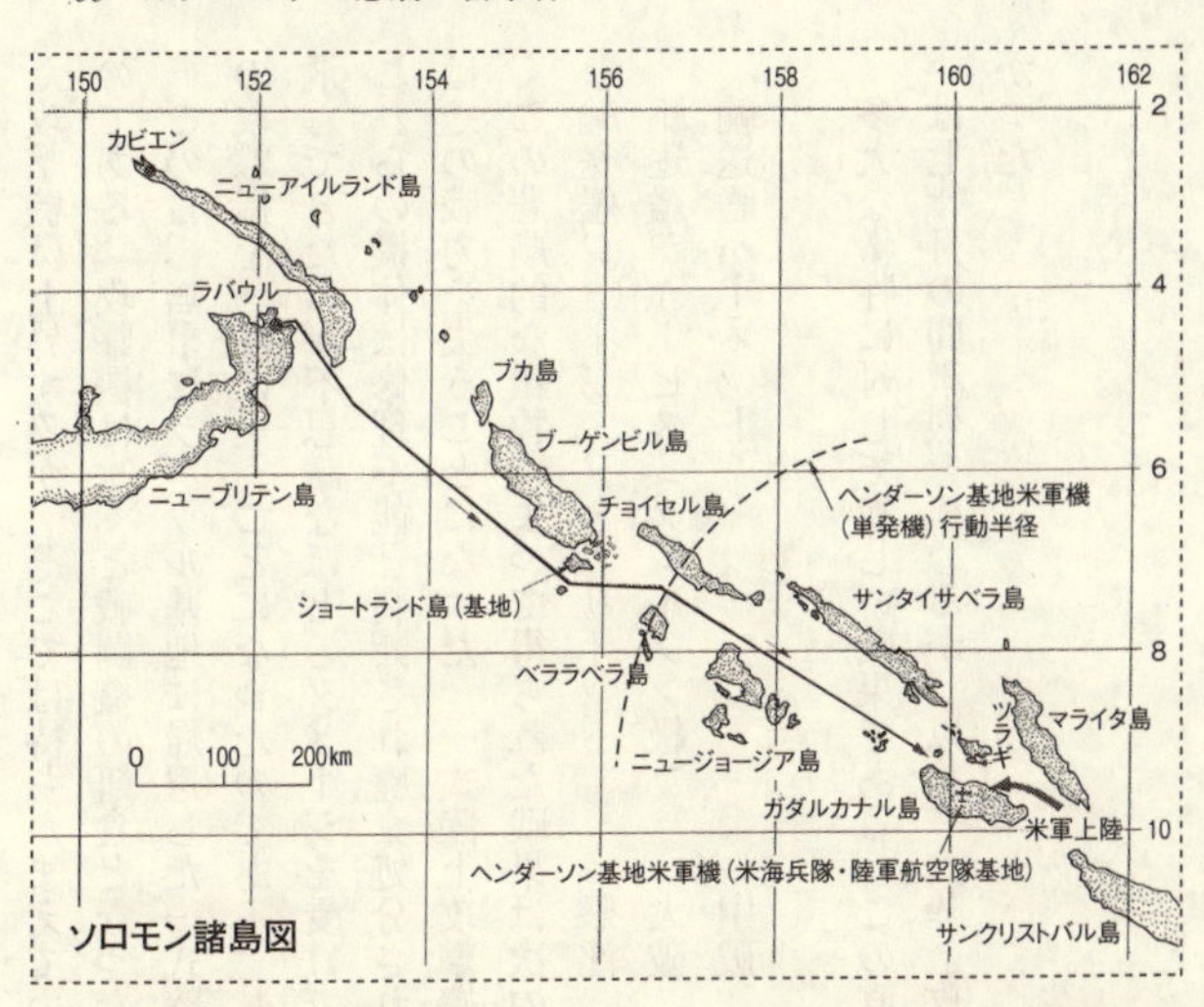

ソロモン諸島図

八月八日午前五時三十分、戦闘機と攻撃機合計四一機は長駆ガダルカナル島に向けて出撃した。

この日ガダルカナル島の上空には敵機動部隊の空母エンタープライズを出撃したグラマンF４F戦闘機の編隊が、上陸地点上空の制空のために交代で警戒にあたっていた。

攻撃隊は雷撃姿勢をとるために海面すれすれの高度一〇～二〇メートルで艦船の群れに向かって突き進んだ。小型の艦上攻撃機とは異なり大型機の雷撃である。攻撃する機体は艦船群の機銃の格好の標的となる。攻撃機は四方八方から飛び来る機銃弾を受けながら進むが、一機また一機と無数の機銃弾の嵐の中で発火し、魚雷投下前に海面に突入して果ててゆく。無事に雷撃を終えた攻撃機は上昇するが、そこでは待ちかまえていた敵艦上戦闘機の群れが襲いかかってくるのである。攻撃機は次々と戦闘機の餌食となった。

この日、無事にラバウル基地に帰還した一式陸上攻撃機はわずかに九機であった。一七機の攻撃機を一度に失うことになったのである。しかも帰投した九機の攻撃機の中の五機は、飛んできたのが不思議なほどのダメージを受けており、搭乗員にも多くの死傷者が出ていた。これらの機体は修理不能と判断され廃棄処分されることになった。一日で第二十五航空戦隊はその戦力を失うことになった。一式陸上攻撃機の防弾の弱さが露呈したのだ。

この悲劇的な犠牲によって得られた戦果は次のようなものであった。

輸送艦ジョージ・F・エリオット　撃沈
駆逐艦ジャービス（クレイブン級）　大破（魚雷一本命中、後に別途雷撃を受け沈没）
輸送艦バーネット　中破（陸上攻撃機一機が体当たり）

多大な犠牲に対して寂しい戦果である。この直後からガダルカナル島を巡る日米海軍の戦いは七ヵ月の間激烈を極めるが、以後一式陸上攻撃機の大規模な攻撃が展開されることはなかった。

ルールダム群を壊滅せよ

イギリス空軍の爆撃航空団は、一九四三年五月に作戦名「ルールの戦い」を発動した。この目的は、ドイツ西部のルール地方に集中している製鉄業、特殊鋼工業、化学工業などの戦略主力産業の中枢地帯を集中的に連続爆撃しようとする作戦である。

この地域にはエッセン、ドルトムント、デュッセルドルフ、ケルン、デュイスブルク等々の名だたる工業都市が集中しており、ドイツ重工業産業の心臓部ともいえる地域なのである。さらに注目すべきことは、これらの地域の南部一〇〇キロの位置には、標高四〇〇～五〇〇メートルのロタール山脈が広がっている。そしてこの山脈に水源をもつ多くの河川には、途中幾つかの大規模貯水能力を持つダム群が点在していた。

これらのダムの中でもエーデルダム、メーネダム、ゾルペダム、リスターダムなどは総貯水量二億トン前後の大規模ダムで、工業地帯への発電はもちろんのこと、工業用水の重要な

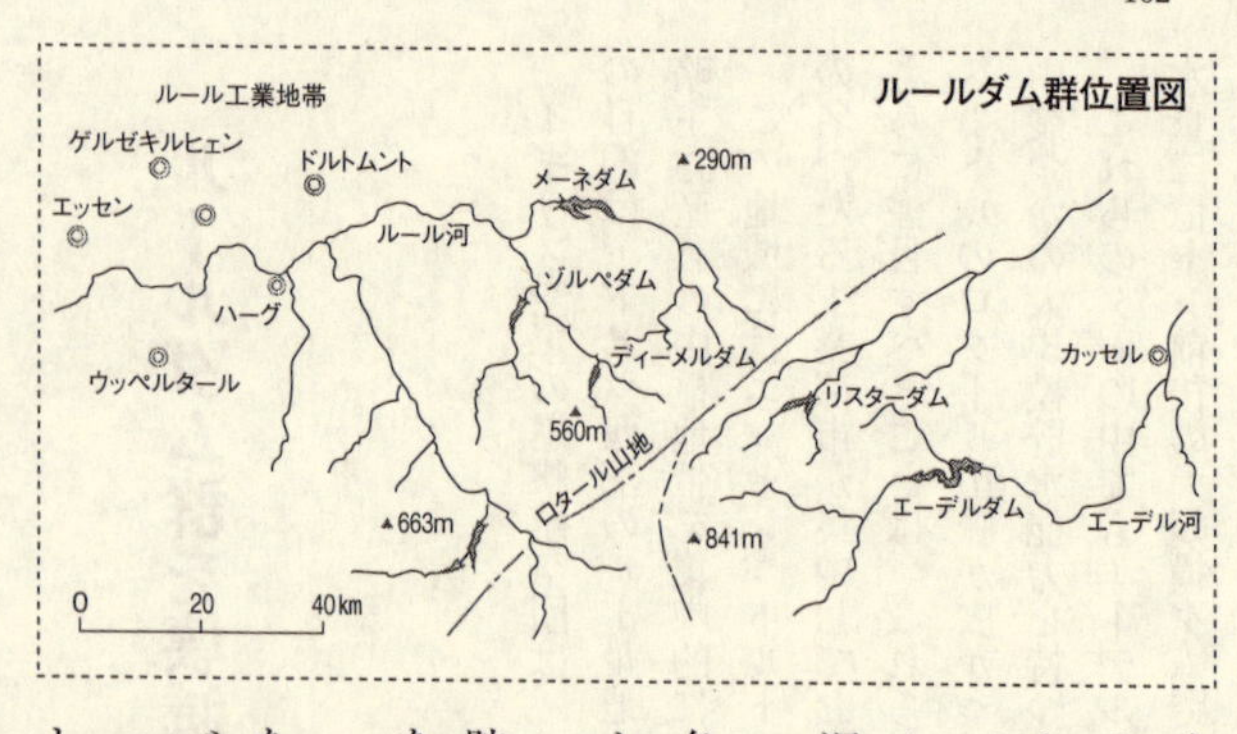

水源でもあり、また工業地帯を貫く主要水路のドルトムント・エムス運河などの水量調整にも重要な役割を担っていたのである。この中でも最大のエーデルダムは、総貯水量二億一二〇〇万トンという大規模ダムで、日本の同規模ダムの例としては、東京の水ガメでもある利根川水系の八木沢ダム（総貯水量二億五〇〇〇万トン）が挙げられる。

イギリス空軍は「ルールの戦い」では、主要工業都市の各種企業設備の徹底破壊を目標としているが、さらに、これらダムの破壊による重工業生産能力の壊滅をも計画していたのであった。つまりこの主要ダムのいくつかを破壊し、貯水能力をゼロにすることで各種重工業の生産能力の激減を狙ったのである。

ただこの作戦に際しての最大の問題は「いかにして頑丈なダムを破壊するか」であった。これらのダムの堰堤はすべていわゆる重力式ダム構造およびアーチ式ダム構造であった。重力式ダム構造とは、ダムの堰堤をすべてコンクリートの塊として築き上げる形式で、つまり超巨大重量のコ

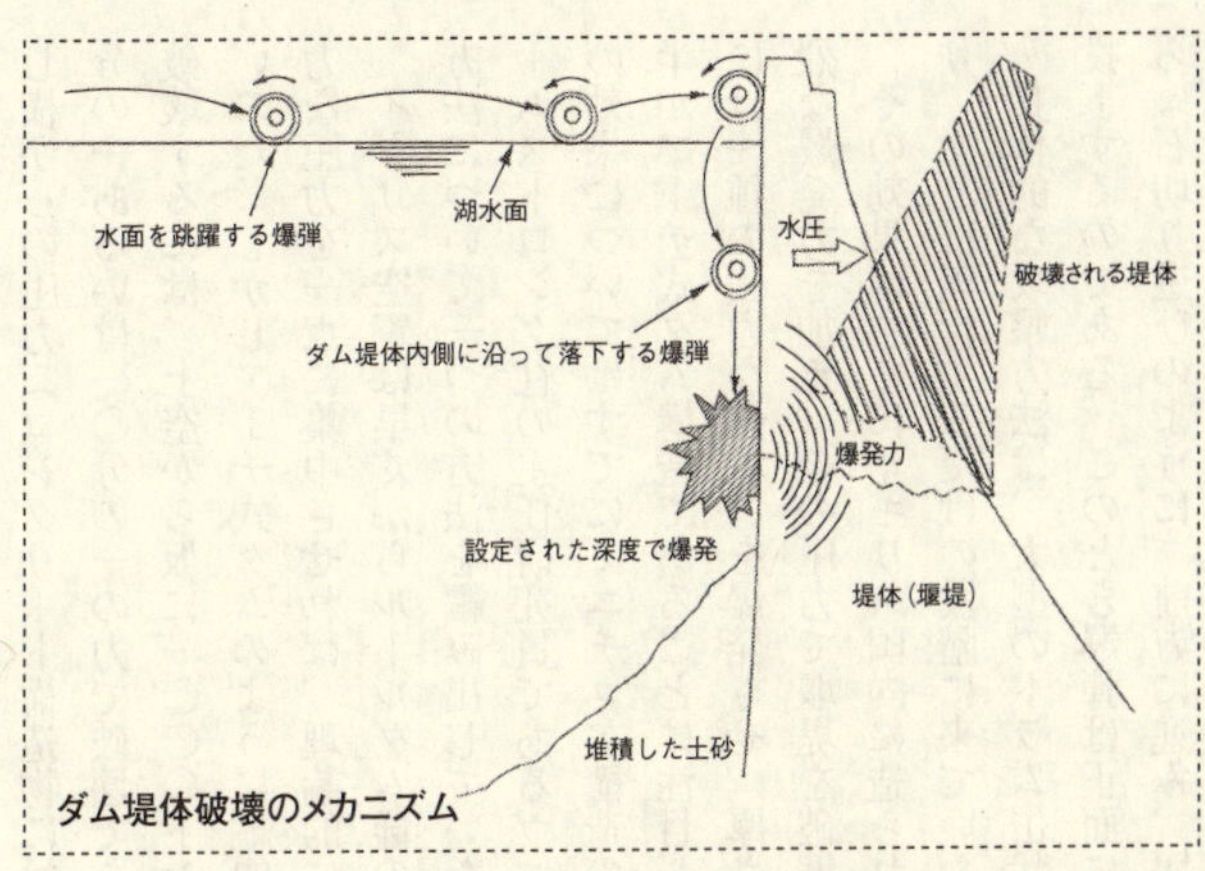

ダム堤体破壊のメカニズム

ンクリートの塊で膨大な貯水量を堰き止める方式のダムである。

またアーチ式ダムとは、ダム堰堤をコンクリートでできた曲面の構造物として完成させるもので、耐圧強度に強いという曲面が持つ特性を生かして造り上げた堰堤である。アーチ式ダムの特徴は、ダム堰堤の縦方向の断面面積は小さくなるが、曲面の持つ耐圧力で強度を保証するもので、使用するコンクリート量が重力式ダムに比べ大幅に削減されることになる。攻撃対象となったダム堰堤はすべてアーチ式ダム構造となっていたのである。なぜアーチ式ダム構造のダムが攻撃対象に選定されたかは、その破壊方法が特定できたからであった。

コンクリートは特徴ある特性を持っているのである。コンクリートは圧縮強度（上からの打撃圧力）に対しては極めて強靭な耐久力を持つ。しかし横からの圧力（コンクリート構造物に対する横からの曲げ圧力）は激減し、圧縮強度の八分の一あるいは一〇分の一の力で破壊できるのである。つまりコンクリートでできた堰堤を破壊するには、上空から仮に一〇〇〇トンの爆弾を投下しても容易に破壊することはできないのだ。しかしアーチ式ダムのように縦幅の狭いダム構造であれば、水中の横方向からの強力な圧力を一点に集中させれば、理論的には容易に破壊することができるのである。

イギリス空軍は早くからルールダム群の破壊に対する研究を始めていた。そしてその破壊方法について一つの方法を編み出していたのであった。研究の中心人物はヴィッカース・アームストロング社の主任研究員であるヴァーネス・ウオリス博士であった。彼のアイディアの効果についてはすでにミニチュア構造のダムで実証済みであった。彼はルールダム群の大半がアーチ式ダム構造であることに注目し、ダム堰堤の湖面側の底部で特殊な爆弾（実質的には一種の強力な爆雷）を爆発させ、厚さが薄いアーチ式ダムの、ダム堰堤の横方向から強烈な爆発力を加え、その圧力で堰堤を破壊しよう、とする考えであった。

その効果はすでにイギリス国内に造られた実験用の小規模ダムでの爆破実験に成功しており、あとは実行するだけの段階に来ていたのであった。

具体的な攻撃方法は、大型のドラム缶状の爆雷式爆弾を爆撃機が湖面スレスレの高度から投下するのである。このとき爆弾は正面に位置するダム堰堤に向かって湖面上を跳躍しながら（石切り遊びのように）前方に進み、堰堤にぶつかると爆弾はそのままダム堰堤の内側に

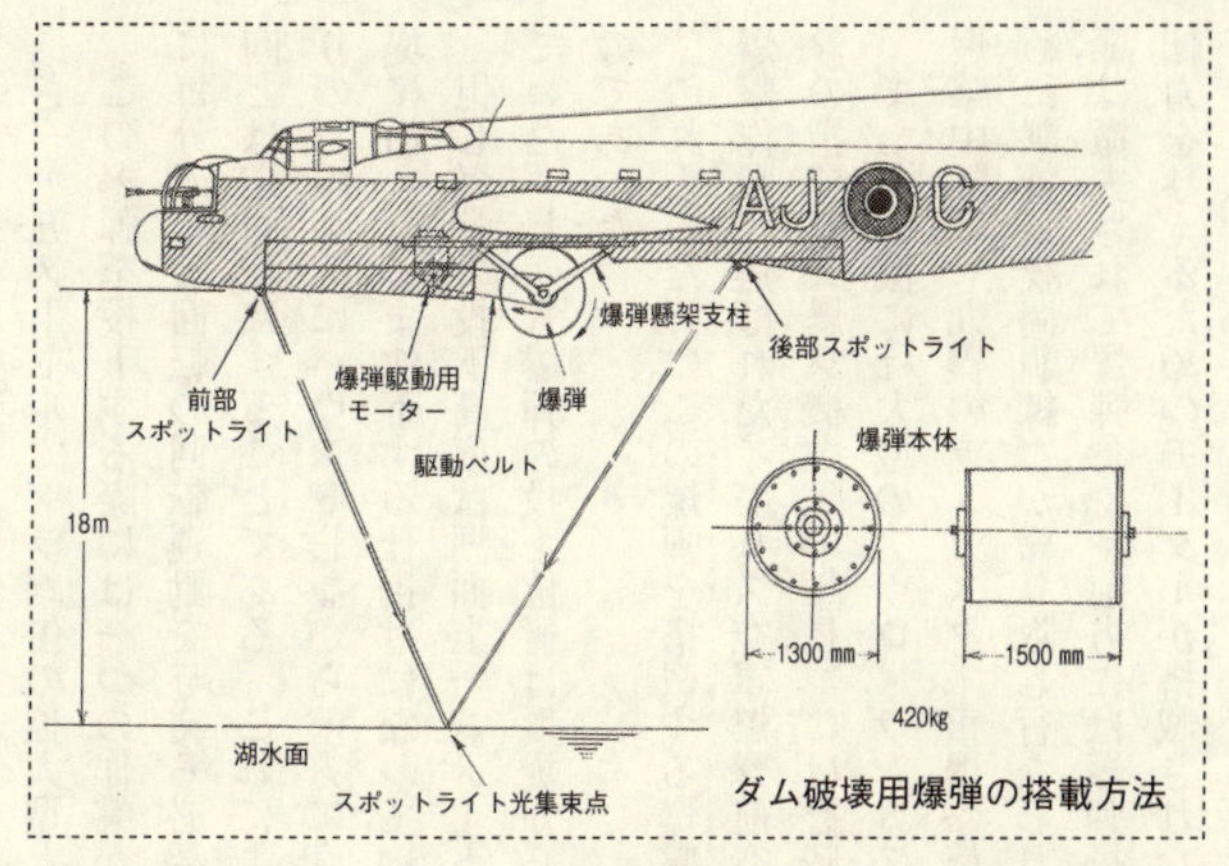

ダム破壊用爆弾の搭載方法

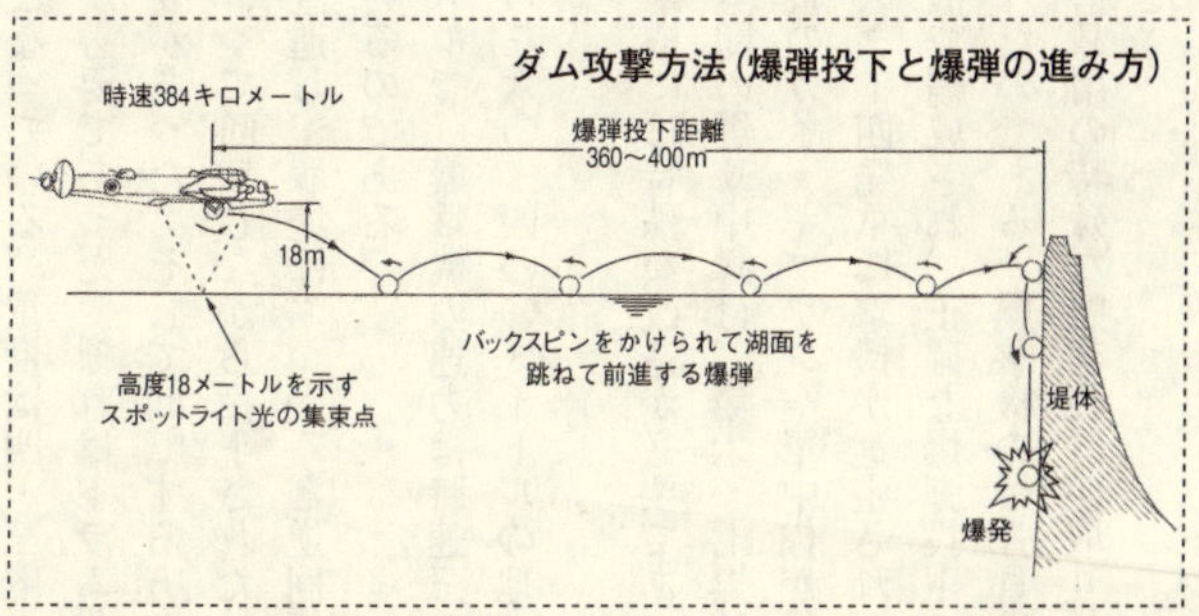
ダム攻撃方法（爆弾投下と爆弾の進み方）

沿って沈下する。そしてある深度に達すると爆雷と同じく起爆装置が作動し、爆弾は破裂し猛烈な衝撃力をダム堰堤に横方向から与えるのである。

この攻撃を同じ個所を狙って数回繰り返せば、ダム堰堤は破壊されることになるのである。爆弾は準備された。爆弾の直径は一・三メートル、長さ一・五メートルでドラム缶の拡大型となっている。重量は四・三トン。

この爆弾を投下する際には一つの作業が必要であった。それはドラム缶状爆弾に投下直前に毎分五〇〇回転の回転運動を与える必要があった。そして回転する方向は飛行機の侵攻方向とは逆回転にすることである。これによって回転しながら投下された爆弾は湖面上を水切りの石のようにバウンドしながら前方に直進し、堰堤にぶつかると逆回転の作用で爆弾は堰堤に沿ったまま沈下する仕掛けになっているのである。

但し爆弾の投下高度は湖面上一八メートルで、爆撃機の速力は時速三八四キロと限定されていた。しかも爆弾の投下位置は堰堤から三六〇～四〇〇メートルの地点と厳命されていたのであった。

これらのためにこの爆弾を搭載する爆撃機には特殊な改造が必要であったのだ。この特殊爆撃作戦に選ばれたイギリス空軍爆撃航空団の爆撃中隊は、第六一七爆撃中隊であった。攻撃の指揮官（爆撃機中隊中隊長）には歴戦のガイ・ギブソン空軍中佐が任命された。

また爆撃機には大型のアヴロ・ランカスター四発重爆撃機が選定された。この特殊任務の爆撃中隊は一九機のランカスター重爆撃機で編成され、正確な爆弾投下の任務を遂行するために訓練（夜間訓練）が繰り返し行なわれたのである。爆撃機の爆弾倉は改造され、爆弾倉扉は撤去されて爆弾倉やや前方には爆弾搭載用の特殊な懸架装置が取り付けられ、爆弾に回転力を与えるためのモーターが搭載された。

アヴロ・ランカスター

この特別任務の作戦はルール地方のダムが満水になる五月が選ばれ、しかも夜間行動が容易なように満月の日を選ばねばならなかった。

このダム破壊作戦の効果は甚大なものが予想されていた。例えばエーデルダムの場合にはダムの破壊により満水の約二億トンの水が一気にエーデル川に流れ込み、下流域一帯の工業地帯は大洪水に見舞われ、数多の機械装置は泥水につかり作動不能となるのだ。そして流域の多数の道路橋や鉄道橋も破壊され、工業地帯の生産能力は一度に、しかも長時間にわたり停滞することが予測されるのである。

一九四三年五月十六日午後九時十分、一九機の特殊構造の爆撃機はイギリス国内のスキャンプトン基地から出撃した。この日のルール地方の天候は晴れ、月齢は満月、いずれのダムも満水の状態であった。

攻撃隊は三隊に分かれて出撃した。第一編隊の九機の目標はメーネダムで、もし早い段階でメーネダ

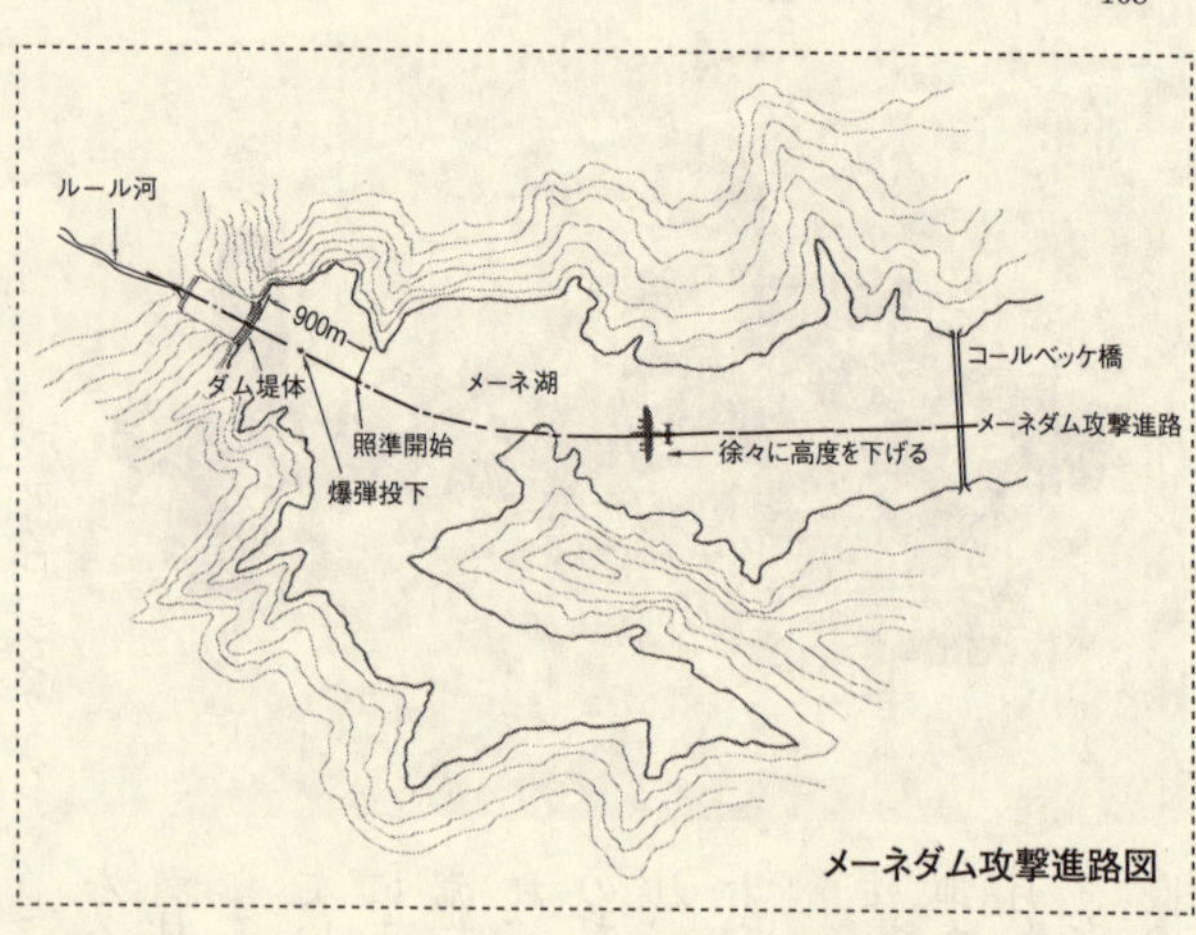

メーネダム攻撃進路図

ムが破壊された場合には残りの機体はエーデルダムに向かう予定であった。

第二編隊の五機の目標はエーデルダムで、第三編隊の五機は予備攻撃隊で、第一編隊と第二編隊出撃の二時間後に出撃し、第一編隊と第二編隊が攻撃を失敗した場合の予備の攻撃隊であった。いずれの編隊も敵のレーダーに発見されないように超低空でドーバー海峡を渡り、ロタール山脈に向かった。

第一編隊の九機は目標のメーネダムに低空で向かったが、途中敵の対空砲火により一機がエンジンを損傷し、基地に引き返した。

メーネダムに到着した攻撃隊の八機は一番機より順次所定の攻撃態勢に入っていった。一番機の爆弾は堰堤を飛び越え反対側に落下して失敗したが、二番機、三番機、四番機の爆弾は決められたとおり投下され、予定どおりの運動で落ちて堰堤の内側で爆発した。そして四番機の爆弾が爆発したとき、メーネダムの中央部が大きく破壊され大量の湖水が下流に流れ出したのであった。ダム堰堤は計画どおり、理論計算どおりに破壊されたのである。この状況を見た五番機以降の四機は翼を翻し、第二目標のエーデルダムに向かった。

特殊爆撃作戦によって破壊されたメーネダム

メーネダムの堰堤の破壊は甚大であった。堰堤は幅九〇メートル。高さ三〇メートルにわたり完全に破壊されたのである、そしてダムの約一億八〇〇〇万トンの水が一気に下流に流れ下ったのである。

第二編隊の五機と第一編隊の残りの四機の攻撃でエーデルダムも破壊された。第三編隊の五機は第三目標のゾルペダムに向かったが、周辺の空が低い雲に包まれ視界が利かず、五発の爆弾の投下は正確さを欠き、ダム堰堤の上部にわずかな損害を与えた程度で攻撃は失敗に終わった。

スキャンプトン基地に帰還したランカスタ

ー爆撃機は一九機中一一機であった。残りは敵の対空砲火で撃墜されたのである。

二つのダムの破壊で流れ出した約四億トンの水は下流域に甚大な損害を与えることになった。エーデル川とメーネ川に掛かる二五の鉄道橋と道路橋が流失し、下流域の大小一二五ヵ所の軍需工場が長期間にわたり操業不可能となった。さらに炭鉱一ヵ所が完全に水没し、突然の洪水による下流域の民衆の犠牲者は合計一二九四名に達した。

またルール地方の主力重工業の生産も約二ヵ月間にわたり何らかの障害を受け、さらに運河は水面調整の機能を失い、ドルトムント・エムス運河を中心に数ヵ月間にわたり運河交通に障害を与えたのであった。

しかしドイツ側のダムの修復は極めて迅速で、しかも驚異的であった。二つのダムの破壊個所は六ヵ月後には修復され、ダムの機能を回復させ、一九四四年初頭頃からはルール地方の工業生産能力は完全に回復することになったのである。

爆撃目標シュヴァインフルト（死の宣告）

一九四三年八月以降、イギリス派遣のアメリカ陸軍航空隊の重爆撃機隊のすべての搭乗員にとって、「爆撃目標シュヴァインフルト」は死の宣告に等しかった。シュヴァインフルトの爆撃行が、重爆撃機搭乗員にはいかに困難でかつ危険であったかを証明する言葉であった。

シュヴァインフルトはドイツ南部にある人口五万人程度の中小都市であったが、ここはドイツ国内でも最も多くの精密工業が集まっている地域で、工作にはとくに精密さを要するボールベアリングの生産はドイツ国内生産の約六五パーセントを賄っているほどであったのだ。

ボールベアリングは精密な回転運動を必要とするあらゆる精密機械には必要不可欠なもので、航空機エンジンの製作にはなくてはならない部品だったのである。つまりボールベアリング産業は近代軍需工業の頂点に位置する最重要品といえる。

一九四二年に連合軍首脳が北アフリカのカサブランカで会談し、対独戦の今後について真剣な検討が行なわれた際、爆撃作戦を展開するうえで最も重要な破壊目標として選定されたのが、まさにボールベアリング生産施設だったのである。

そしてこの時もう一つの重要な方針も決定されたのだ。それはドイツ本土爆撃の今後については、イギリス空軍爆撃航空団はドイツ本土の広域夜間爆撃を推進し、アメリカ陸軍航空隊爆撃航空団は精密爆撃を柱とする昼間爆撃を展開する、と決められたのである。つまり昼夜を分かたぬドイツ本土の爆撃を展開し、ドイツの息の根を早急にとめてしまうという作戦であった。

なおボールベアリング産業に対するダメージの大きさは、イギリスはドイツ空軍の爆撃により同生産設備が大打撃を受けたことで、身に染みてその効果のほどを体験していたのであった。

目標のシュヴァインフルトは特定爆撃目標として精密爆撃をする必要があった。このためにこの地の爆撃は、アメリカ陸軍航空隊の重爆撃機による昼間精密爆撃が決行されることになったのである。しかし問題があった。イギリスの基地からシュヴァインフルトまでは直線距離で片道八五〇キロもあり、全行程に護衛戦闘機を随伴させることはできないのだ。イギリス空軍のスピットファイア戦闘機にいたっては作戦行動半径は最大二五〇キロに過ぎず、アメリカ陸軍航空隊のリパブリックP47戦闘機や長距離戦闘機と称されるロッキードP38戦闘機でも、その最大行動半径は六〇〇キロが限界であった。

このために爆撃機の編隊は途中まで護衛戦闘機に守られ、そこからシュヴァインフルトまでは護衛戦闘機はなし、また帰投に際しては、途中まで迎えに来る戦闘機の護衛を受けるしか方法がなかったのである。爆撃目標のシュヴァインフルト付近では、ドイツ空軍の迎撃戦闘機に対し爆撃機は独自の防御火器に頼るしか手段がないのであった。敵機はどれほどの数で襲ってくるかわからず、この爆撃行は多くの犠牲を見越した、まさに危険な賭けだったのである。

一九四三年八月十七日午前八時、アメリカ陸軍航空隊爆撃航空団のボーイングB17爆撃機一四六機がイギリスの基地を出撃した。しかしこの爆撃機の大編隊の攻撃目的地はシュヴァインフルトではなかった。シュヴァインフルトの東南約二〇〇キロの位置にあるレーゲンスブルクであった。この地はドイツ空軍戦闘機の主力だったメッサーシュミットMe109の拠点生産工場が集中しているところであった。レーゲンスブルク爆撃はシュヴァインフルト爆撃の陽動作戦（一種の囮作戦）として決行したもので、同地爆撃の攻撃隊が出撃一時間後に、シュヴァインフルト爆撃のためのボーイングB17爆撃機とコンソリデーテッドB24爆撃機の合わせて二三〇機が出撃したのである。

この囮作戦は、レーゲンスブルクに向かう重爆撃機の大編隊に対し、ドイツ戦闘機群が大挙して迎撃に向かうであろうことを想定して決行されたもので、その隙をついてシュヴァインフルトの精密爆撃を展開する、という作戦だったのである。

しかしここに予想外の事態が起きたのである。シュヴァインフルト爆撃隊が出撃する時刻になってイギリス中南部方面一帯は濃い霧に包まれ、爆撃機の大挙出撃ができなくなったのである。霧は出撃予定の三時間後の午前十一時になって晴れだし、ようやく爆撃機の出撃が始まったのであった。

この三時間の出撃の遅れは重大な結果を招くことになったのである。レーゲンスブルク爆撃群に向かったドイツ戦闘機群は、これを迎撃の後に基地に帰還し、次の出撃に備えて機銃弾や燃料の補給をするのに十分な時間を得たのであった。そしてそこに現われたシュヴァインフルト爆撃機の大編隊を迎撃するのに十分な態勢が整えられていたのである。自然の悪戯がまねいた、ドイツ側には幸運な、アメリカ側にとってはまったく不運な事態が出来したのであった。

右翼をもぎ取られ背面状態になって落ちるB17

ボーイングB17爆撃機とコンソリデーテッドB24爆撃機の合計二三〇機の大編隊は、途中まで援護してきた戦闘機群と分かれ、ドイツ国境を越えシュヴァインフルトへと東進してい

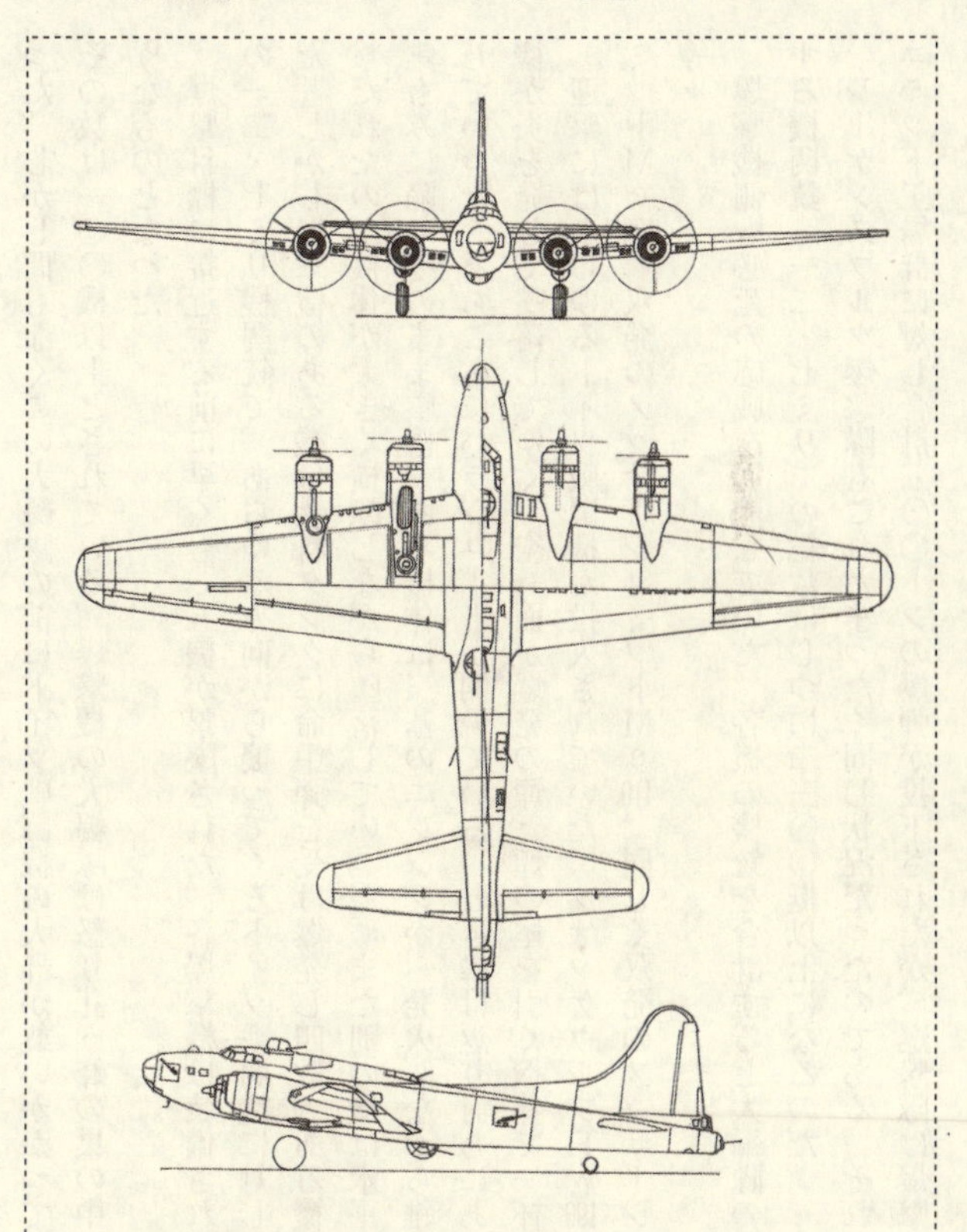

ボーイングB17F重爆撃機

全幅：31.6m　全長：22.6m　自重：16400kg　エンジン：ライトサイクロンR1820(排気タービン付)空冷複列14気筒×4　最大出力：1200馬力　最高速度：462km／h　航続距離：5800km　爆弾搭載量：4900kg　武装：12.7mm機関銃×11～12

った。しかし間もなくこの大編隊の前にドイツ戦闘機の大群が襲いかかってきたのである。その数は一〇〇機以上とされている。爆撃機の大編隊は怒り狂う蜂の巣の中に飛び込んだようなものとなった。

爆撃目標に接近する前に早くも一五機が撃墜された。各爆撃機は装備された一〇～一二梃の一二・七ミリ機関銃で、あらゆる方向から襲ってくるドイツ戦闘機に対し射弾を送り込んだ。しかし爆撃機のある機は燃料タンクに命中弾を受け爆発し四散、ある機はパイロットが撃たれたのか機体が大きく横転しながら墜落していった。また別の機は水平尾翼を失い突然錐もみに陥りそのまま墜落、ある機体は三基のエンジンから発火しながら錐もみとなり墜落していった。あちこちにパラシュートが開いている。ときには返り討ちにあったドイツ戦闘機が炎を発して墜落してゆく。空一面が爆発の煙と煙の尾を引く機体で一杯となっていた。

迎撃にはあらゆるドイツ戦闘機が投入されていた。フォッケウルフFw190、メッサーシュミットMe109、双発のメッサーシュミットMe410、同じく双発のメッサーシュミットMe110等々。

爆撃機側も必死の応戦を展開していた。各機の機銃を合計すると大編隊の爆撃機群が装備する機関銃（一二・七ミリ）の総数はじつに二三〇〇梃以上になるのだ。

レーゲンスブルク爆撃隊もこれとまったく同じ状況だったのである。それでもメッサーシュミット工場群に対し合計三〇〇トンの爆弾が投下されたが、爆撃隊は爆撃後はイギリスへは戻らず、大編隊は右に旋回すると南下しアフリカのアルジェリアの基地に向かったのであった。そしてアルジェリアの基地に着陸後、再び爆装しフランスのドイツ軍施設を爆撃しイギリスの基地に帰還した。しかしイギリス基地に無事に帰還できたのは出撃機一四六機中わずかに六二機に過ぎなかったのだ。

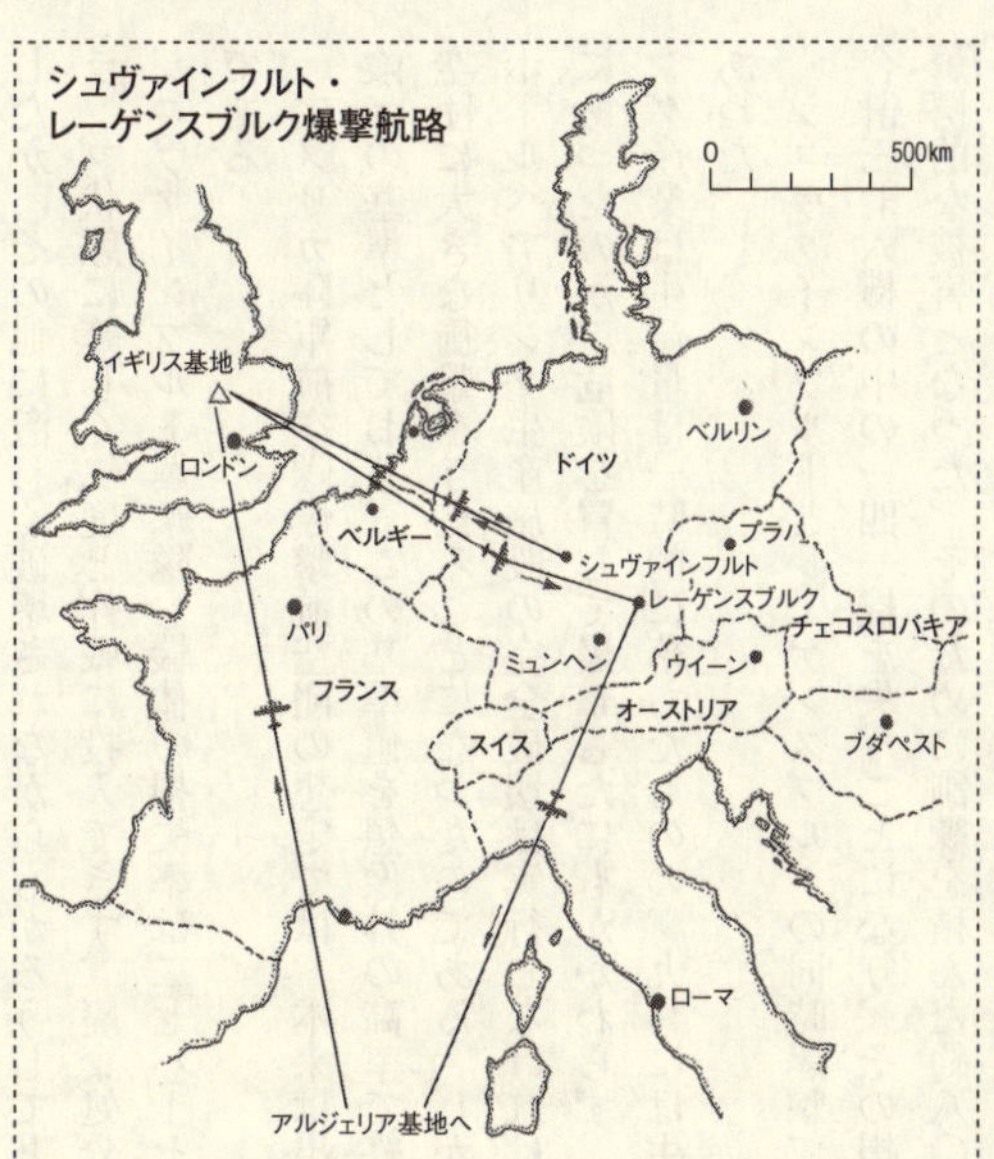

残る八四機はレーゲンスブルク付近上空やフランス上空で撃墜され、さらに撃墜されはしなかったものの帰途の地中海上空で力つき墜落した機体もあった。損失率は五七パーセントという壊滅的な被害である。

シュヴァインフルト爆撃隊は予想外の敵戦闘機の迎撃を受け、ここでも惨憺たる状態でイギリス基地に戻ることになったのであった。シュヴァインフルト周辺上空で撃墜された爆撃機は合計三六機に達したが、その他に激しく破壊されながらもかろうじて基地に帰還はしたものの、機体はスクラップ状態に等しく二度と作戦に投入できず、廃棄処分された機体が二七機も存在したのだ。シュヴァインフルト爆撃隊も機体の損失率は二七パーセントという危機的な損害を受けたのである。

アメリカ陸軍航空隊爆撃航空団の想定では、本来は出撃機体の損失率五パーセントを「危険」の基準としており、この基準値を想像外の高率で終えたこの二つの爆撃作戦は、爆撃航空団に大きな衝撃を与えることになったのである。しかし航空団としては基本計画どおり、ボールベアリング生産施設の完全破壊は実行しなければならなかったのであった。その背景にあったのが、危険を冒して爆撃したにもかかわらず、情報によればドイツのボールベアリング産業は生産量は一時的に落ちたものの、九月には生産量が旧に復しているということであった。

シュヴァインフルトとレーゲンスブルクの同時爆撃では、この作戦に投入された重爆撃機合計三七六機の中の一四一機を失うことになり、その損失率はじつに三七・五パーセントの驚愕的な被害となった。そのために訓練を積んだ約八〇〇名という多数の搭乗員も同時に失うことになり、この損失の回復にはそれなりの時間が必要であった。また一方では生き残った搭乗員たちには潜在的な一種の「恐怖症」が蔓延し、作戦に支障を起こしかねない状態になったのである。

（注）余談ながら、戦争航空映画の白眉とも評されるアメリカ映画「頭上の敵機」は、この間の史実を題材にして制作された映画で、当時のアメリカ爆撃航空団の苦悩の姿が実写フィルムを交えて見事に描かれている。

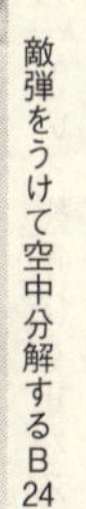

敵弾をうけて空中分解するB24

爆撃航空団は戦力が回復した時点で再びシュヴァインフルトの爆撃を決行することになった。実行日は十月十四日とされた。

イギリス駐留のアメリカ陸軍航空隊爆撃航空団の重爆撃機の戦力が、一度に二〇〇機以上の出撃が可能になったのは九月の初めであった。九月六日、爆撃目標はシュヴァインフルトの手前のシュツットガルト近郊の航空機工場群であった。この日、コンソリデーテッドB24爆撃機とボーイングB17爆撃機二二六機が航空機工場の爆撃に向かった。結果は再び惨憺たる状態となった。撃墜された爆撃機四五機、損失率じつに二〇パーセント。ドイツ空軍迎撃戦闘機の凄まじいまでの防空体制が浮き彫りとなったのである。護衛長距離戦闘機の早期出現が切実な願いとなったのである。

この状況にも怯むことなく爆撃航空団は、爆撃機戦力の回復を待って再びシュヴァインフルトの爆撃を決行することになったのである。

一九四三年十月十四日、ボーイングB17爆撃機とコンソリデーテッドB24爆撃機二九一機による、再度のシュヴァインフルト爆撃が決行された。

各爆撃機の爆弾倉には一二発の五〇〇ポンド（二二五キロ）爆弾が搭載されていた。その数合計三四九二発（七八六トン）。

重爆撃機の大群はイギリス本土から二五〇キロまでは護衛戦闘機のイギリス空軍のスピットファイア戦闘機が随伴したが、その後はアメリカ陸軍戦闘機隊のP38およびP47戦闘機の護衛を受けた。しかしそれもイギリス基地から五〇〇キロまでで、それ以後は再び護衛戦闘機皆無で「蜂の巣」の中に飛び込まねばならなかったのだ。

しかしこの日の爆撃機群の編隊の組み方には前回と違い変化があった。それはこれまでの平面での編隊の組み方ではなく、四機からなるいくつかの編隊を立体的に組み上げ、「コンバットボックス」という幾重にも重なる編隊を構成したのであった。敵機の攻撃に対し各機の装備する十数梃の機銃を、互いに支援できる状態で射撃できる体制に編隊の構成を変えたのであった。

一方ドイツ空軍の戦闘機も迎撃態勢を強化していた。その最たるものがメッサーシュミットMe410戦闘機に見られるように装備する機関砲を二〇ミリから三〇ミリという大口径砲に換装したり、長いワイヤーで吊るした空中爆雷を機体の胴体下に装着し、敵爆撃機に接近してこれを敵機にぶつけるという手法も考え出していたのである。この頃ドイツ空軍はシュヴァインフルト周辺の基地におよそ三〇〇機の迎撃戦闘機を配置していた。

味方の護衛戦闘機が去ったのちの重爆撃機の大編隊はシュヴァインフルトに接近していた。しかしそこにはすでにドイツ空軍の迎撃戦闘機の大群が待ち伏せていたのだ。爆撃機群はまさに蜂の巣の中に突っ込んだのも同然であった。上空はたちまち激しい旋回をする戦闘機の翼端で発生する無数の飛行機雲と、爆発煙と火炎と様々な機体の破片で満ちたのである。そしてその空間には多数のパラシュートが点々と散らばっていた。

周到に計画されて飛んでいたはずのコンバットボックスもたちまち崩れ去り、あちこちに断末魔の重爆撃機の姿が見られたのである。

イギリスの基地に帰還した重爆撃機は二〇九機であった。八二機が失われたのである。損失率二八パーセント。しかし損害はこれだけではすまなかった。基地にたどり着いたが二度と作戦に投入できないほど破壊され、飛んでいるのが不思議なほどの機体が六四機も存在したのだ。実質的な損失率は五〇パーセントを越えていたのだ。

この大損害の直後から、アメリカ陸軍航空隊には長距離援護戦闘機ノースアメリカンP51が投入され、爆撃航空団にとってはまさに救いの神となったのである。

プロエスチ油田を爆撃せよ

ソ連領を除くとヨーロッパに存在する唯一の油田地帯は、東部ヨーロッパのルーマニアにあるプロエスチの油田地帯である。ここはルーマニアの首都ブカレストの北部約四〇キロ北方一体に広がり、その中心地がプロエスチである。この地は地中海東部のギリシャの首都アテネの北方約八〇〇キロの位置にあたり、地中海の対岸に広がるリビア東部の海岸付近からでも直線距離で一四〇〇キロになる。

ここプロエスチ油田は天然石油資源のないドイツにとっては欠くことのできない石油供給地であり、同地を占領後のドイツは石油産出量の増大と石油精製施設の拡大に最大限の力を注いでいた。

一九四三年初め頃のプロエスチの石油生産量は、当時ドイツが必要とする石油類の需要の三〇パーセントをまかなうほどの量であった。ちなみにドイツが産出していた残りの石油の大半は石炭の乾溜で生成される人造石油であったのだ。

アメリカ陸軍航空隊は、かねてよりプロエスチの石油産業設備の爆撃機による破壊を計画していたが、イギリスからは遠隔の地にあり爆撃は不可能だとみられていた。しかし一九四三年六月になると、北アフリカのリビア方面に展開していたドイツ軍勢力は急速に衰え、アメリカ陸軍航空隊の進出が可能になったのである。

一九四三年七月、イギリスを拠点とするアメリカ陸軍航空隊は第八航空軍のみであったが、アフリカ北岸の占領にともない第九航空軍が新設された。この航空軍の爆撃機戦力は双発中型爆撃機が主体であったが、九月になると航続距離の長い四発重爆撃機コンソリデーテッドB24を三個連隊（合計機数一〇八機）を組み入れ、北部イタリア方面の爆撃を可能にし、さらにプロエスチの爆撃の具体的作戦の検討も始めていたのであった。

ただアメリカ陸軍航空隊はその前に、プロエスチ爆撃に関し一つの実験を行なっていた。当時アメリカ陸軍航空隊では、中国の奥地の昆明に展開するアメリカ義勇航空軍（フライングタイガー）に、コンソリデーテッドB24爆撃機を進出させる計画があった。これはこの地から中国東部に展開する日本軍勢力に対する長距離爆撃を展開するためだった。

一九四二年後半に、B24爆撃機一六機を北アフリカ、中東、インド経由で中国に送り込む計画を立てた。航空軍はこの計画を活用し、途中遠回りしてプロエスチを爆撃することになったのであった。

当初この爆撃は中国に送り込む一六機のＢ24爆撃機で実施する計画であったが、アメリカから北アフリカへの回航の途中で三機が失われ、結果的に一三機で行なうことになったのである。一九四二年十一月、各機の爆弾倉には予備の燃料タンクを増設し一トンの爆弾も搭載した。チュニジアの基地を出撃した一三機の爆撃機は地中海を東進しギリシャから内陸に侵入、プロエスチをめざした。ルーマニア上空に達したＢ24の編隊は高度九〇〇〇メートルから爆弾を投下したが、全弾が目標を外れ不首尾に終わった。しかしこの爆撃はドイツ空軍にとっては寝耳に水の衝撃となったのだ。

ドイツ軍にとっては最も近い連合軍側の基地からは二〇〇〇キロ以上も離れているために、プロエスチの爆撃は想定していなかったのだ。そしてこの爆撃に対し極度の警戒感をおぼえたドイツ空軍はすぐにプロエスチの防空戦力に力を入れ始めた。

その戦力は東部戦線から緊急に移動させたドイツ戦闘機部隊二個大隊（六〇機）と、同じく東部戦線からルーマニア空軍の戦闘機部隊一個大隊（三〇機）であった。

一九四三年六月、アメリカ陸軍航空隊は第九航空軍の他にＢ24爆撃機五個連隊で編成された第一五航空軍を新たに開設した。この爆撃航空軍も北アフリカを基地としてイタリア北部、さらにはプロエスチの爆撃も計画していたのだ。第一五航空軍に配備される爆撃機はすべてコンソリデーテッドＢ24爆撃機で、その数はおよそ一八〇機であった。

第一五航空軍は八月に長駆プロエスチの爆撃を決行する計画であった。ただこの爆撃には

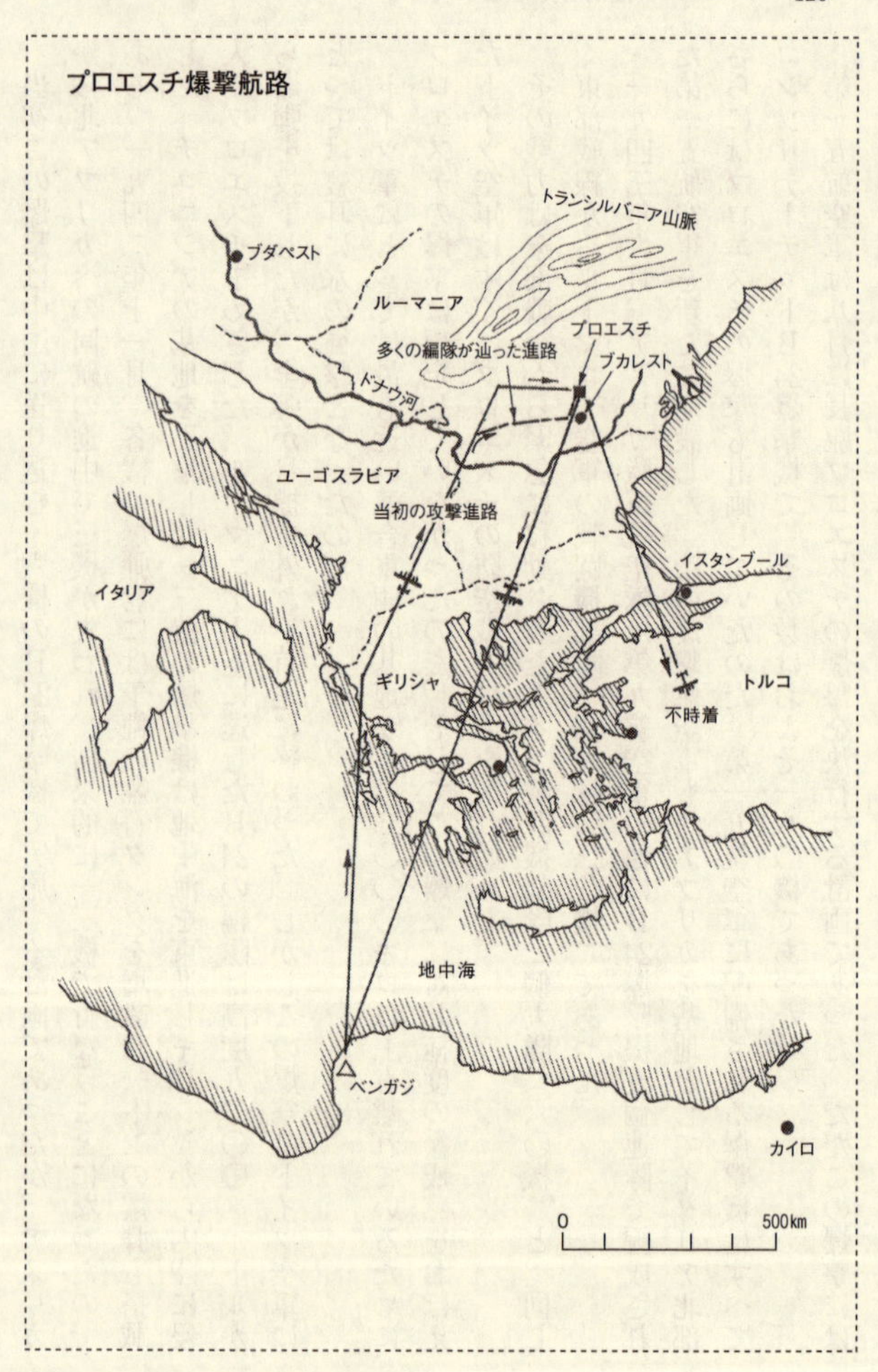
プロエスチ爆撃航路
トランシルバニア山脈
ブダペスト
ルーマニア
プロエスチ
多くの編隊が辿った進路
ブカレスト
ドナウ河
ユーゴスラビア
当初の攻撃進路
イスタンブール
イタリア
ギリシャ
トルコ
不時着
地中海
ベンガジ
カイロ
0
500km

編隊で低空飛行訓練中のB24

安全な手順が必要であった。飛行航路が長く途中はすべて敵側の領空を通過することになるために、飛行高度や航路には慎重に慎重をかさねた警戒が必要とされたのであった。

まず飛行高度は全行程を低空で実施することにした。これは少しでも敵警戒網を潜り抜ける手段であり、また投弾に際し爆撃効果を高めるためでもあった。そして各機の爆弾倉内には予備の燃料タンクを配置し、爆弾搭載量は二・三トンまでとし航続距離を少しでも延ばされた。爆弾は二五〇ポンド（一一四キロ）爆弾二〇発とした。これを攻撃目標に高度三〇～一〇〇メートルの超低空で接近し、投弾するのである。このために航空軍のすべてのB24爆撃機は基地に集結以来、連日にわたり編隊による低空飛行の訓練を展開したのだ。これは四発重爆撃機にとってはまったく異例な出来事であった。

じつはこの爆撃で超低空飛行を行なうことが有利

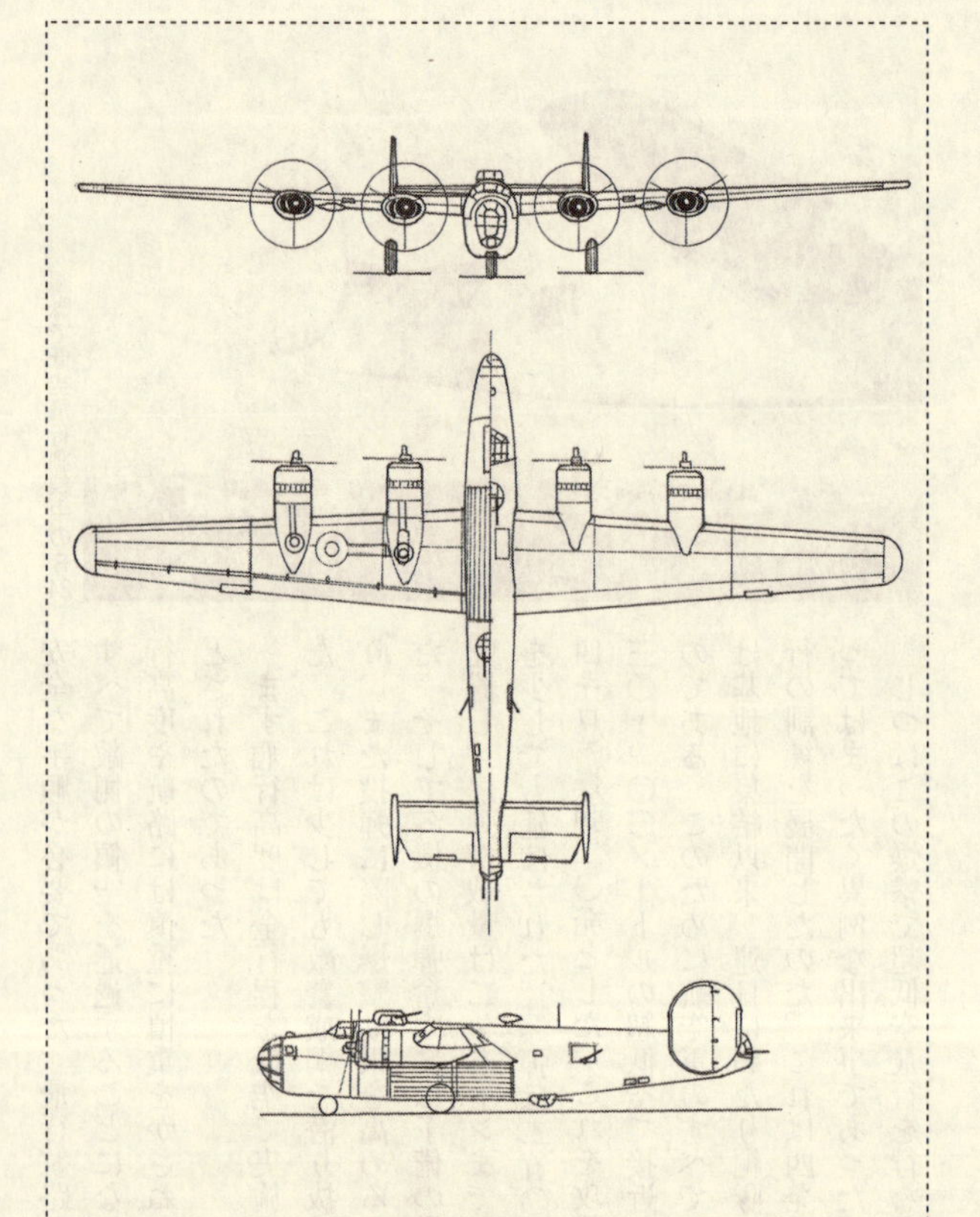

コンソリデーテッドB24D重爆撃機

全幅：33.5m　全長：20.5m　自重：16550kg　エンジン：P&W・R1830空冷複列14気筒×4　最大出力：1200馬力　最高速度：467㎞／h　航続距離：5960㎞　爆弾搭載量：4000kg　武装：12.7㎜機関銃×10

超低空で爆撃を行なうB24

なことがあったのだ。爆撃航路の途中のブルガリアとルーマニアの国境には東西に延びる標高一〇〇〇～二〇〇〇メートルのスターラ山脈が横たわっている。大編隊はこの山脈をスレスレに飛び越し、その後は山の傾斜に沿って高度を落とし北方に広がる平原に向かって超低空で飛行すれば、敵側のレーダーに探知される危険性が少ないと判断していたのだ。

一九四三年八月一日、合計一七七機のB24爆撃機がリビアのベンガジ基地を出撃し北へ向かった。その後、一二機がエンジン不調のために基地に戻ったが、残る一六五機は順調に地中海を横断し北へ向かっていった。

B24は四〇～五〇機の編隊に分かれ北進した。しかしスターラ山脈にさしかかる頃には天候の崩れから編隊はバラバラになり、山脈を超えルーマニア平原に入ったころには一六五機の大編隊は数機ずつの小編隊となり、ある編隊は航路を間違えブカレストへ向かうものもあった。しかし大半の小編隊は続々とプロエスチ上空に達し、低高度で石油精製施設の集合する地点に突進し爆弾を投下したのだ。その高度は極めて低く、機体によっては施設の煙突よりも低い高度から投弾していた。

この突然の爆撃機の襲来に対し、プロエスチ防衛のドイツ空軍戦闘機六九機（メッサーシュミットMe109五二機とメッサーシュミットMe110一七機）、およびルーマニア空軍の戦闘機四〇機（ルーマニア国産IAR80戦闘機）が防戦に飛び立ったが、重爆撃機の飛行高度が異常に低いために思うような攻撃ができなかったのだ。また配備されていた高射砲はあまりの超低空のために機能せず、対空火器の主体は多数の高射機関砲となったのである。

爆撃は短時間で終了したが、その結果、石油精製設備の多くに被害を与え石油精製能力の四二パーセントの減産という結果を招いた。しかし同年十二月には生産施設は回復され、ほぼ爆撃前の状態に復帰されていたのである。

爆撃機隊の損害は防空戦闘機により撃墜された機体は一八機であったが、地上砲火で撃墜された機体は三三機にのぼったのである。つまりこの攻撃で失われたB24爆撃機は合計五一機となったのだ。しかも超低空での被墜だったために、被弾した爆撃機からは搭乗員はパラシュート降下が不可能で、搭乗員のすべておよそ五一〇名が犠牲となった。爆撃機損失率じつに三一パーセントに達したのだ。

爆撃を終えた各機はバラバラになって再び南下し、ギリシャ上空を通過しベンガジ基地に戻った。一番機がベンガジ基地に帰投したのは出撃から一一時間後で、合計九九機が帰投し

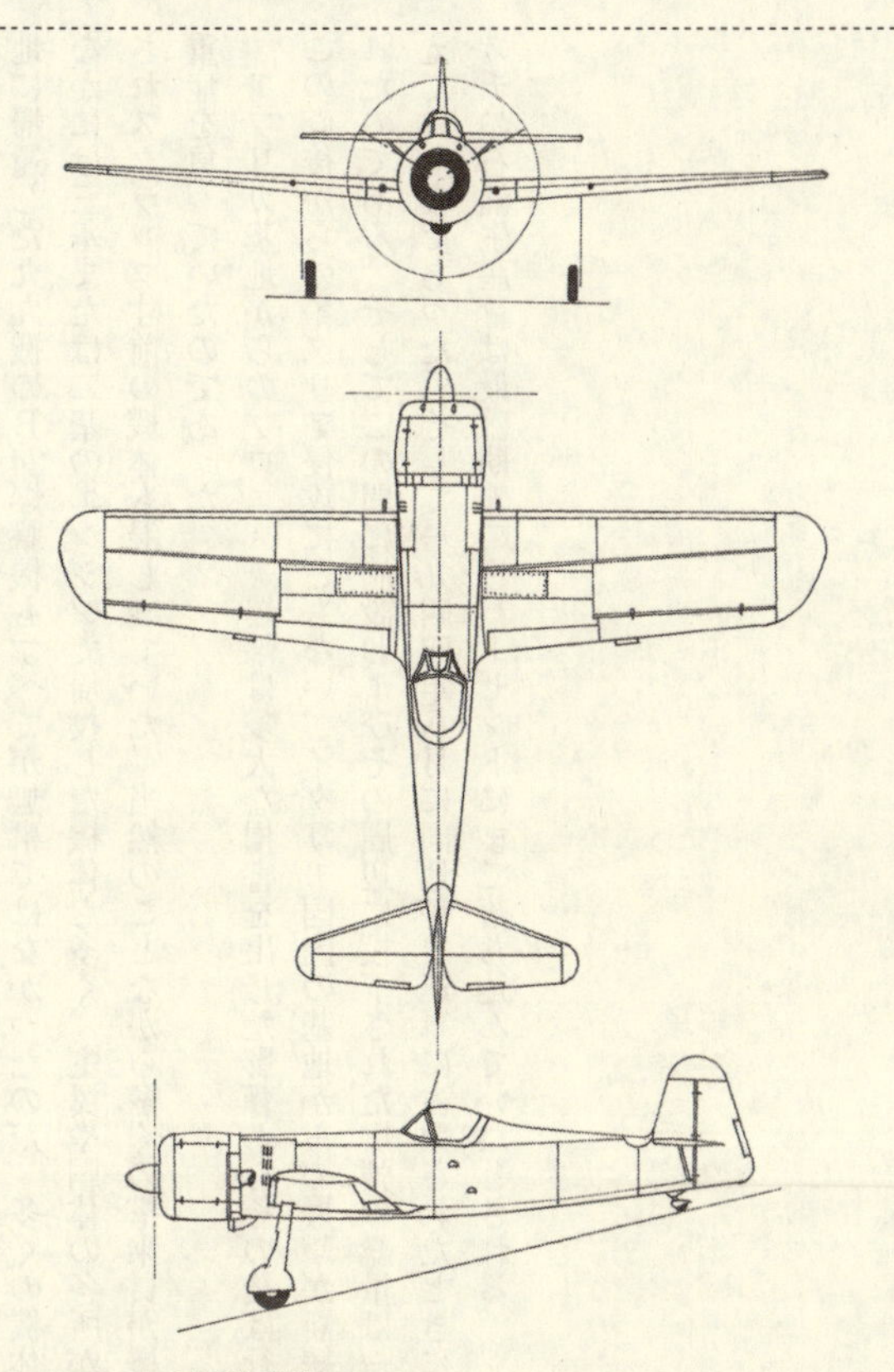

ルーマニア空軍戦闘機IAR80
全幅：10.0m　全長：8.15m　自重：1750kg　エンジン：IAR14K3C空冷複列14気筒　最大出力：940馬力　最高速度：510km／h　航続距離：950km　武装：20mm機関砲×2、7.7mm機関銃×4

た。被弾のために途中ギリシャやトルコ国内に不時着した機体は一五機を数えた。しかし基地に帰還した九九機のB24爆撃機もすべてが無事ではなかったのだ。多くの機体が被弾し、なかには三基または二基のエンジンで帰投した機体も多く、主翼や胴体の各所が大きく破壊されスクラップ寸前の機体も混じっていた。当然のことながら多くの搭乗員が機上で死亡し、重症を負っていたのであった。

アフリカ基地からのプロエスチ爆撃は多大な損害を出した影響からその後は行なわれず、この直後からのイタリア侵攻にともない、イタリア国内の基地からの爆撃が断続的に決行されたのである。そしてこの間に施設およびその周辺に投下された爆弾の総量は一万トンを超えていたのであった。そして一九四四年八月に同地がソ連軍に占領されたときには、プロエスチの石油生産量は最盛期の二〇パーセントにまで落ち込んでいたとされる。

ハンブルグ大爆撃

第二次世界大戦が勃発した後、イギリス空軍がドイツ本土に対する本格的な爆撃を開始するまでには多少の時間がかかった。その最大の理由は大量の爆弾を搭載できる重爆撃機が充足しておらず、開発された重爆撃機の実戦配備までには今少しの時間が必要であったからである。この間にイギリス空軍が実施していたドイツ本土の爆撃は、少数の双発中爆撃機によるルール地方や、軍港ヴィルヘルムスハーフェンなどに対する小規模爆撃が主体であった。

しかし一九四二年二月に、イギリス空軍爆撃航空団司令官にアーサー・ハリス空軍中将が任命されると事情は一変した。彼はそれまでのイギリス空軍爆撃航空団の消極的なドイツ本土爆撃方針に対し、改革の大ナタを振るったのである。

彼は爆撃航空団司令官に就任した直後に、今後の爆撃航空団の作戦の基本方針を発表したのであった。その内容はつぎの四項目を柱とするもので、これを強力に推進すると言明したのである。

1、爆撃機の大編隊による特定地域の徹底的破壊。

2、当該爆撃は夜間爆撃とし、爆撃先導機（パスファインダー）方式を導入し、広域の都市無差別爆撃を実行する。

3、爆撃目標へ爆撃機編隊を導く誘導（航法）システムを完成・確立する。

4、大型重爆撃機の早期充足

（注）パスファインダーとは、夜間爆撃の際に爆撃機の大編隊に先行して飛ぶ数機または十数機の爆撃機で、後続の編隊に対し爆撃目標範囲を知らせるためのマーカー爆弾（着色発光爆弾）を投下する任務を持っていた。後続する爆撃機群は爆弾投下に際し精密照準をする必要がなく、マーカーで示された範囲に爆弾を投下すればよいのである。イギリス空軍爆撃航空団は一九四三年以降、パスファインダーを任務とする専門の爆撃中隊を数個中隊編成し、大規模夜間無差別爆撃を推進したのである。

つまりハリス司令官のイギリス空軍爆撃機軍団としてのドイツ本土爆撃の基本的構想は、重爆撃機による目標都市の夜間無差別大規模爆撃であった。精密昼間爆撃はアメリカ陸軍航空団の爆撃機の任務と明確に判断していたのである。

彼の夜間無差別爆撃の狙いは、都市の生活施設や生産施設を特定することなく一気に根こそぎ破壊し、都市機能をマヒさせ、同時に一般市民（国民）に恐怖心と厭戦気分を醸成させよう、という狙いがあったためである。そして彼はこの戦術に対する批判は「イギリス勝利のために黙殺する」という固い信念を持っていたのである。

彼のこの基本方針はイギリス空軍参謀長ポータル空軍元帥の支持を得て、実行に移すことになったのである。

ハリス司令官は早速、具体的な行動を起こした。それは「一〇〇〇機の爆撃機によるドイツ本土の特定都市に対する爆撃」であった。その時点でかき集められるだけの爆撃機一〇〇〇機を集め、一つの目標都市に無差別に一度に一〇〇〇トン以上の爆弾を投下する、という前代未聞の作戦であった。しかしこの作戦を実行するには様々な問題が存在した。最大の問題は、一九四二年二月当時で爆撃航空団の所属爆撃機は一〇〇〇機に満たなかったことである。しかし彼は厳命したのである。イギリス本国空軍の沿岸警備隊航空団や訓練航空団に所属する爆撃機をかき集めれば優に一〇〇〇機になるはずである——と。

実際に作戦参加の対象となる双発および四発の各種爆撃機一〇〇〇機の調達は可能になったのだ。そこに集められた爆撃機は実戦投入まもない四発重爆撃機ショート・スターリング、四発重爆撃機ハンドレページ・ハリファックス、歴戦の双発爆撃機ヴィッカース・ウエリントン、すでに旧式化が目立つ双発爆撃機アームストロング・ホイットレーと双発爆撃機ハンドレページ・ハンプデン、軽爆撃機程度の戦力の双発爆撃機ブリストル・ブレニム等々新旧

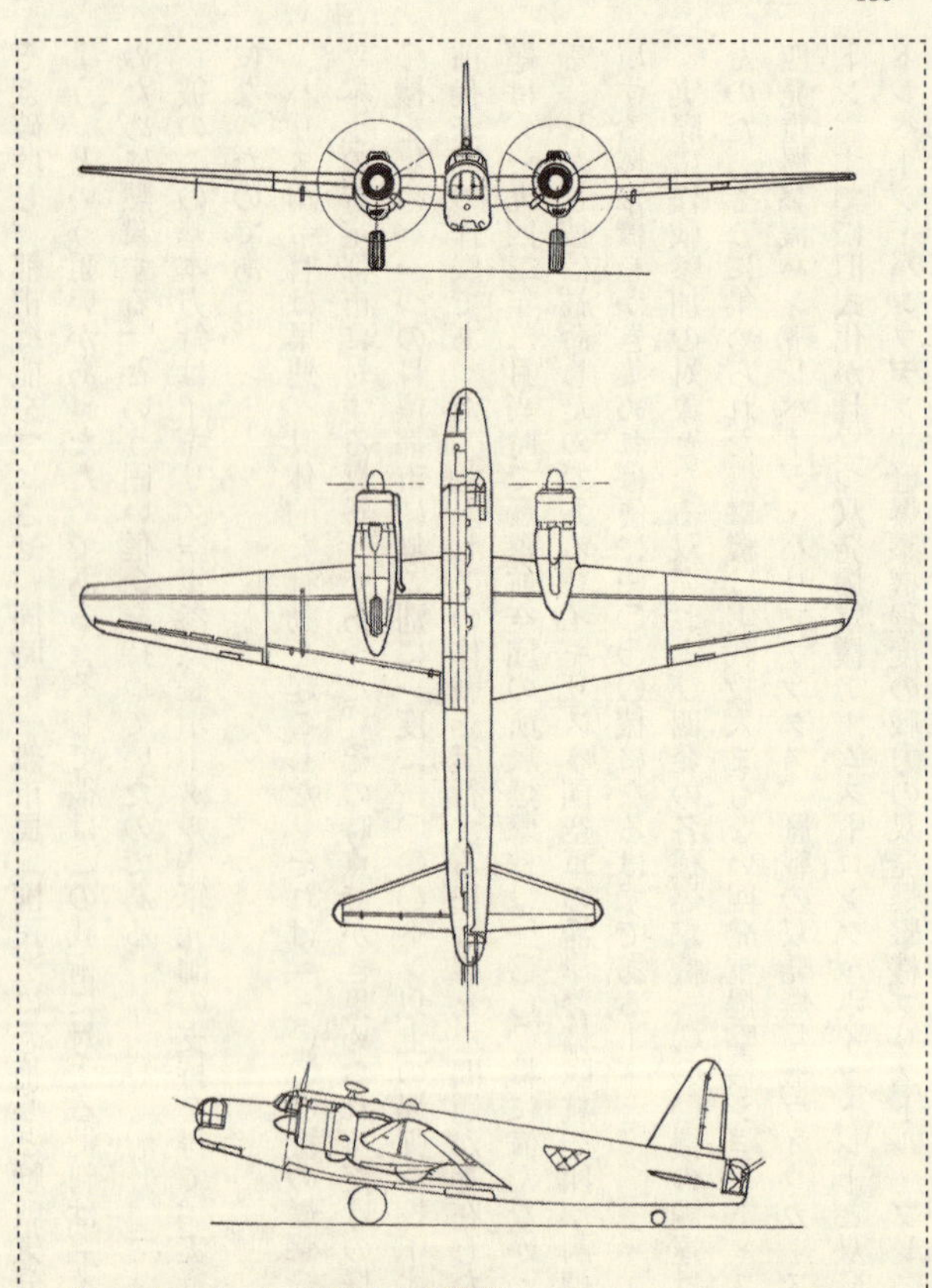

ヴィッカース・ウエリントン爆撃機

全幅：26.25m　全長：18.55m　自重：9650kg　エンジン：ブリストル・ハーキュリーズ11空冷14気筒×2　最大出力：1500馬力　最高速度：410km／h　航続距離：3540km　爆弾搭載量：1980kg　武装：7.7mm機関銃×8

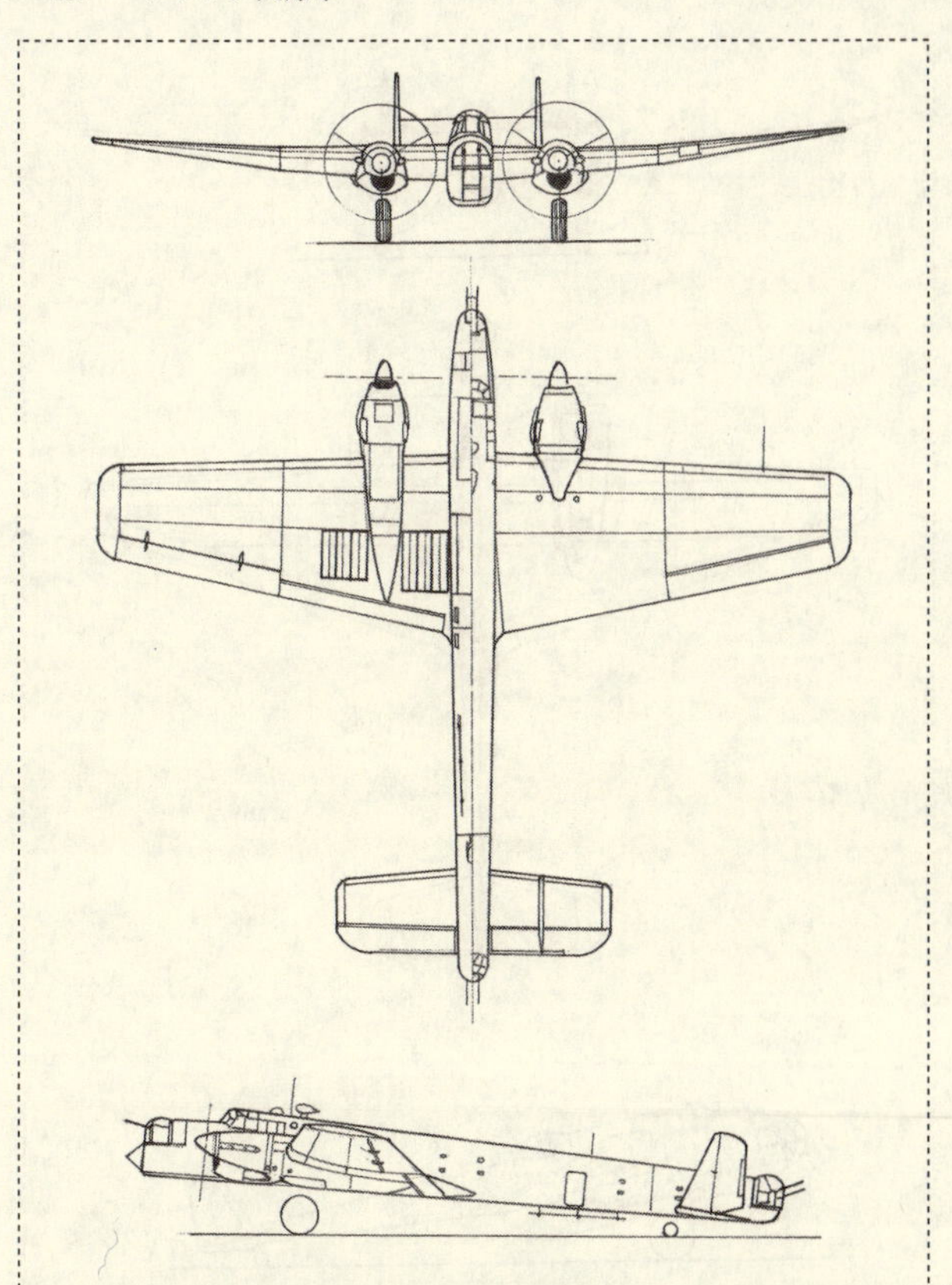

アームストロング・ホイットレー爆撃機

全幅:25.6m　全長:21.48m　自重:8710kg　エンジン:ロールスロイス・マーリン5液冷V12気筒×2　最大出力:1145馬力　最高速度:357km／h　航続距離：2655km　爆弾搭載量：3170kg　武装：7.7mm機関銃×5

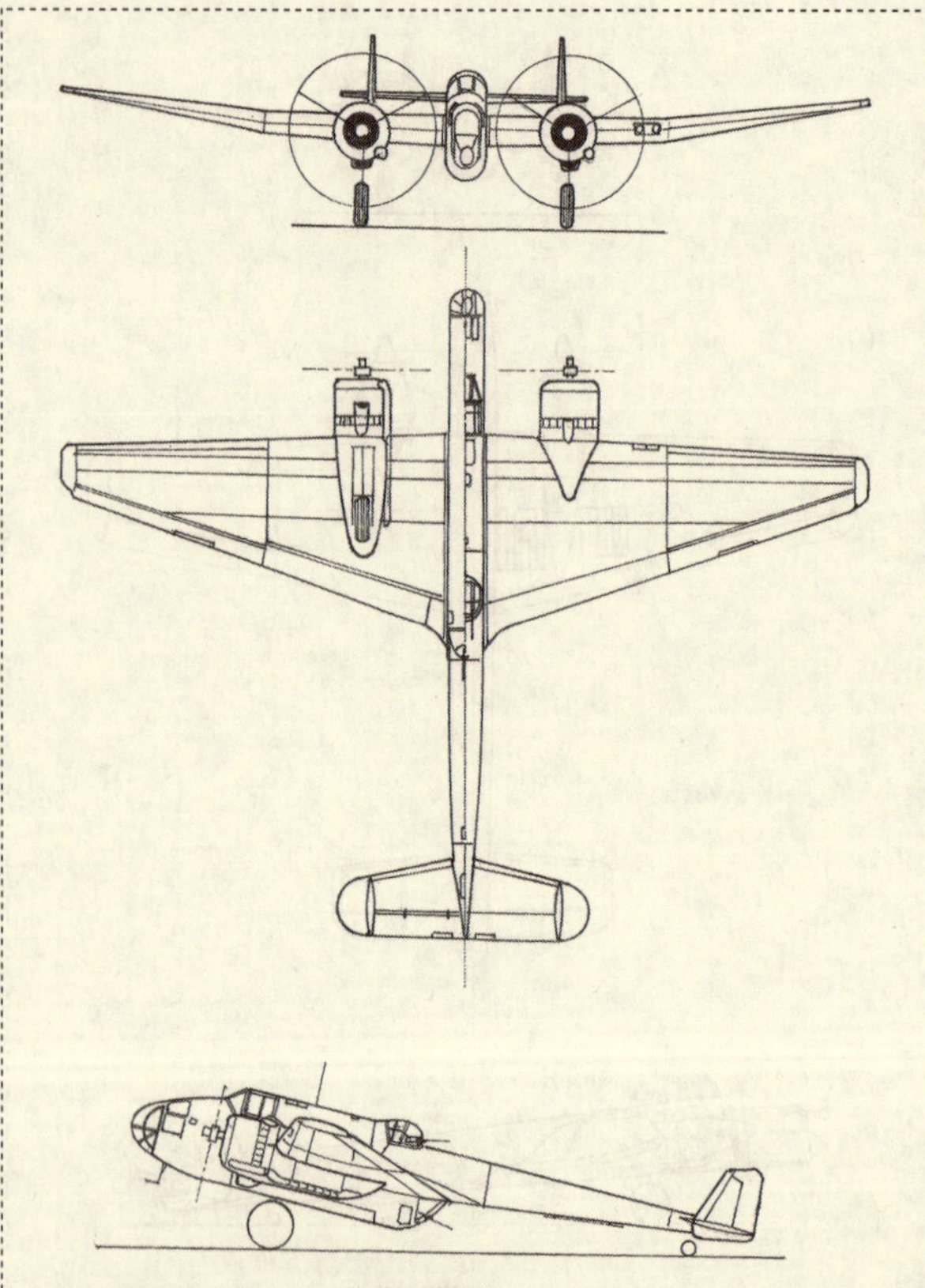

ハンドレページ・ハンプデン爆撃機

全幅：21.08m　全長：17.32m　自重：5340kg　エンジン：ブリストル・ペガサス18空冷複列14気筒×2　最大出力：1000馬力　最高速度：409km／h　航続距離：3030km　爆弾搭載量：1800kg　武装：7.7mm機関銃×5

雑多であった。

一方搭乗員の不足についても、一部の機体には訓練航空団の訓練生も搭乗させることで可能になったのである。そして一九四二年五月二十日までに合計一〇四六機の各種爆撃機を集めることができたのだ。

爆撃航空団は五月三十日を第一回の「一〇〇〇機爆撃」の実行日と定められた。そしてその後日を置かずに再度、さらに三度の「一〇〇〇機爆撃」を実施すると決定したのである。そして爆撃目標都市はケルン、エッセン、ブレーメンが選ばれた。

実際の「一〇〇〇機爆撃」は次のとおりとなった。

第一回一〇〇〇機爆撃
実施日　　五月三十日から三十一日にかけての夜間
参加機数　　一〇四六機
目標都市　　ケルン
投下爆弾量　　一五〇〇トン（イギリス空軍の五〇〇ポンド標準通常爆弾約六〇〇〇発。但しこの中には多数の焼夷弾が含まれた）

第二回一〇〇〇機爆撃
実施日　　六月一日から二日にかけての夜間
参加機数　　九五六機

目標都市　ブレーメン
投下爆弾量　一三〇〇トン
第三回一〇〇〇機爆撃
実施日　六月二十五日から二十六日にかけての夜間
参加機数　一〇〇六機
目標都市　エッセン
投下爆弾量　一四〇〇トン

この三回にわたり実施された一〇〇〇機爆撃の効果は大きかった。爆撃された三都市は相当規模を無差別に破壊され、ドイツ市民に多大な恐怖心を抱かせることになった。しかしその一方でドイツ空軍は、とくに夜間防空体制の強化、つまり対空砲陣地（対空照明装置も含む）の配置方法の工夫、さらに夜間戦闘機の急速増産とパイロットの育成、などが緊急の課題として促進されることになったのである。

一方イギリス側にも、とくに爆撃航空団にとっては多くの収穫を得ることになったのであった。それはこの大規模爆撃がイギリス国民に対し大きな刺激を与えることになったのである。つまりチャーチル首相がイギリス国民が心に秘めていた「ドイツに対しやり返す」という信念に大きく応えたことであった。

そして爆撃航空団の一層の強化、つまり大型重爆撃機の開発と量産に拍車がかけられた。また一九四三年から急速に進められた、爆撃機の大編隊をドイツの爆撃目標に誘導するための新しい爆撃機誘導システム（ジー・GEEやオーボエ・OBOEなどの誘導電波システム）などの開発も進められたのである。

重爆撃機としてはハンドレページ・ハリファックス四発重爆撃機の一層の改良と量産（六〇〇〇機以上）、アヴロ・ランカスター四発重爆撃機の開発と量産（七〇〇〇機以上）、またパスファインダー機や高速爆撃に最適な、デ・ハビランド・モスキート双発高速爆撃機の開発と量産（五〇〇〇機以上）などであった。また都市爆撃専用の「クッキー」という愛称の大型爆弾（ブロックバスター爆弾）も開発されたのである。

（注）ブロックバスター爆弾（愛称クッキー）とは、一発で一区画の市街地を破壊する能力を持つとされる強力爆弾で、四〇〇〇ポンド（一・八トン）、八〇〇〇ポンド（三・六トン）、一万二〇〇〇（五・四トン）の三種類があり、いずれも弾尾を持たない円筒形の爆弾で、四〇〇〇ポンド爆弾の外形は直径七〇センチ、長さ四メートルの筒状となっていた。

ドイツの市街地の建造物は日本と異なり石材（一部コンクリート）が多く用いられていたために、都市夜間無差別爆撃に際しては、爆撃方法も爆撃機の先行編隊は主として爆弾を投下し、後続編隊が主に焼夷弾を投下するという、目標の徹底的な破壊と焼却の工夫もこの一

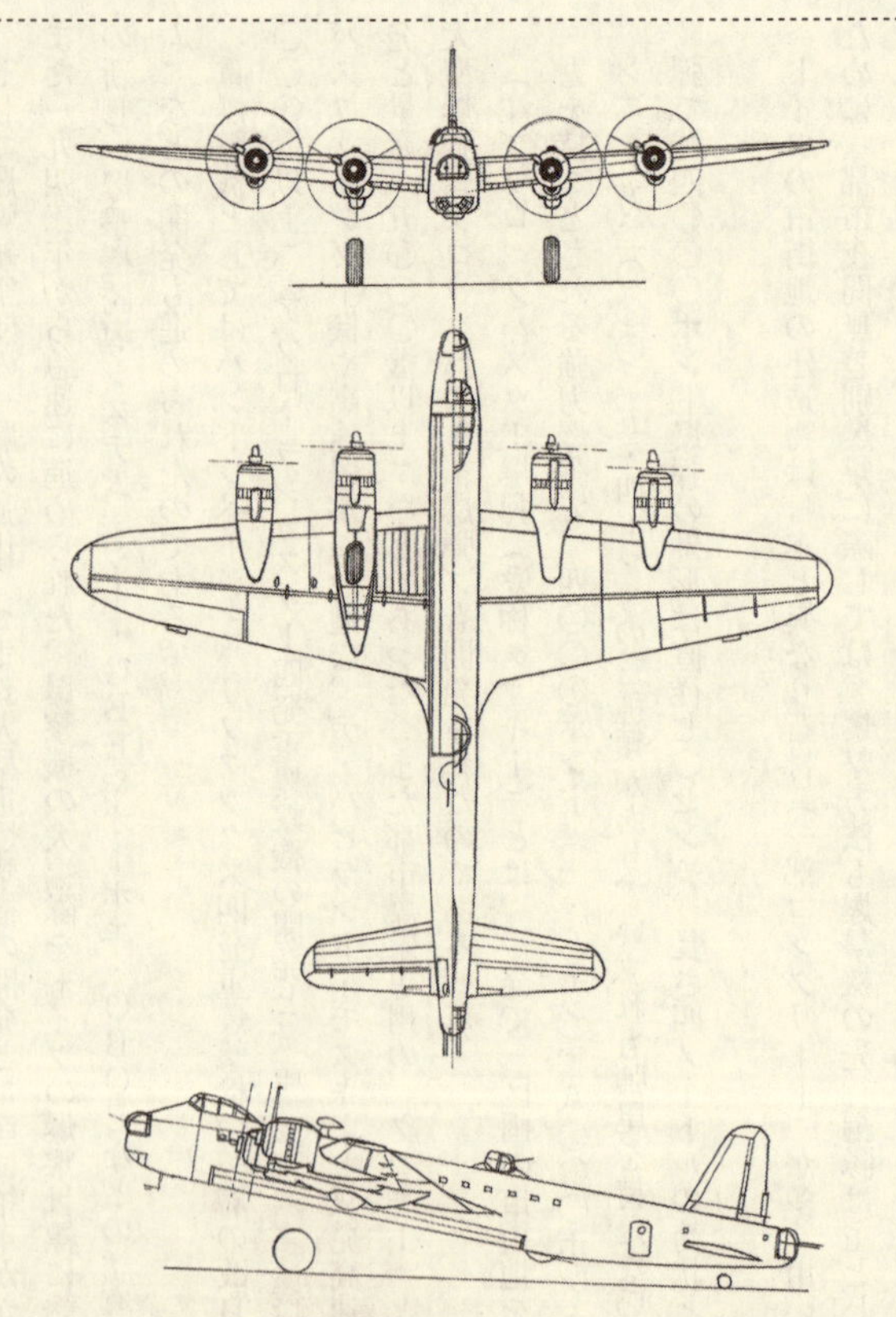

ショート・スターリング重爆撃機

全幅:30.2m　全長:26.6m　自重:19580kg　エンジン:ブリストル・ハーキュリーズ16空冷複列14気筒×4　最大出力:1650馬力　最高速度:434km／h　航続距離:3240km　爆弾搭載量:6350kg　武装:7.7mm機関銃×10

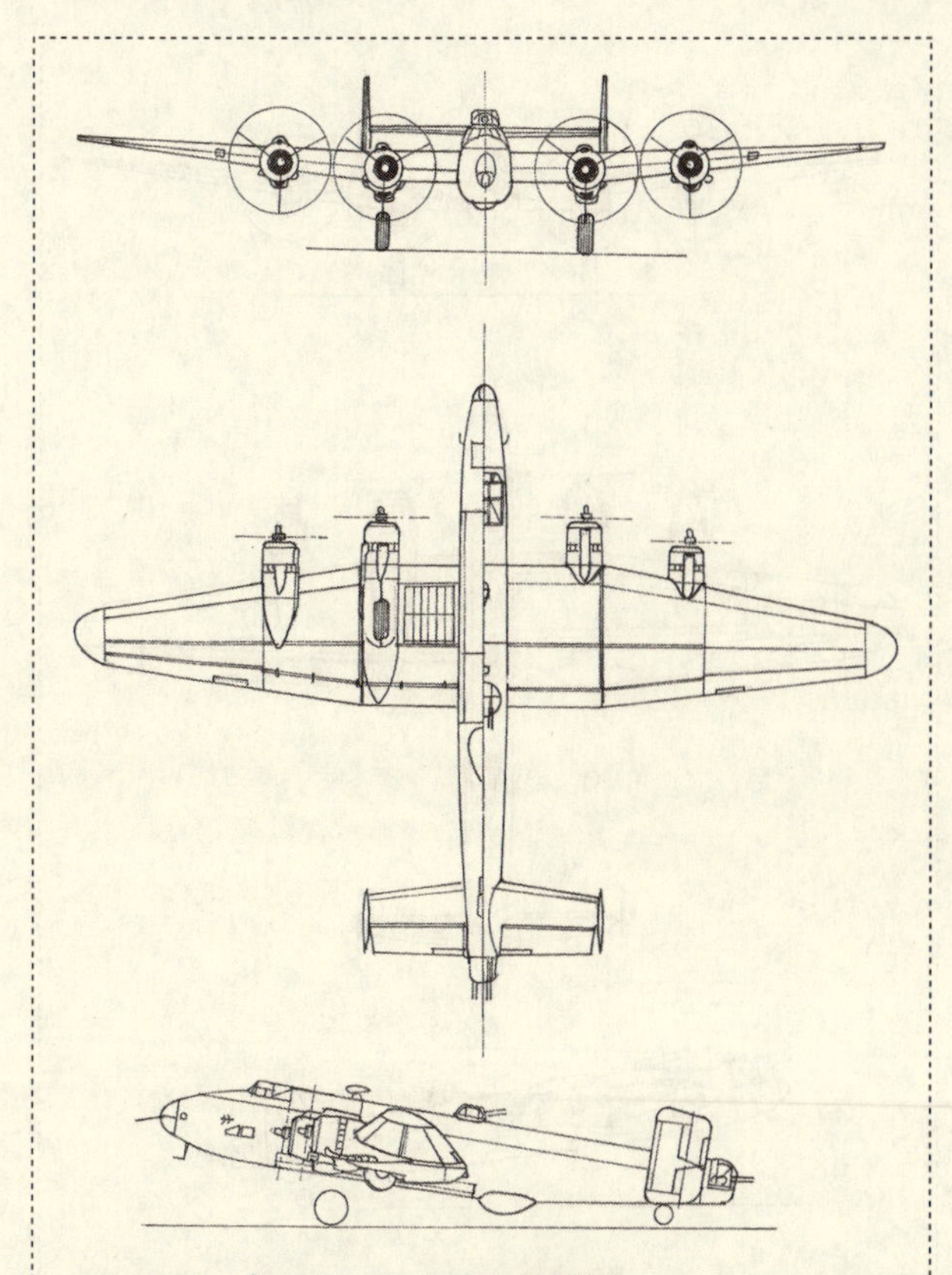

ハンドレページ・ハリファックスMk6重爆撃機

全幅：30.10m　全長：21.35m　自重：18250kg　エンジン：ブリストル・ハーキュリーズ100空冷複列18気筒×4　最大出力：1800馬力　最高速度：427km／h　航続距離：2950km　爆弾搭載量：5900kg　武装：7.7mm機関銃×9

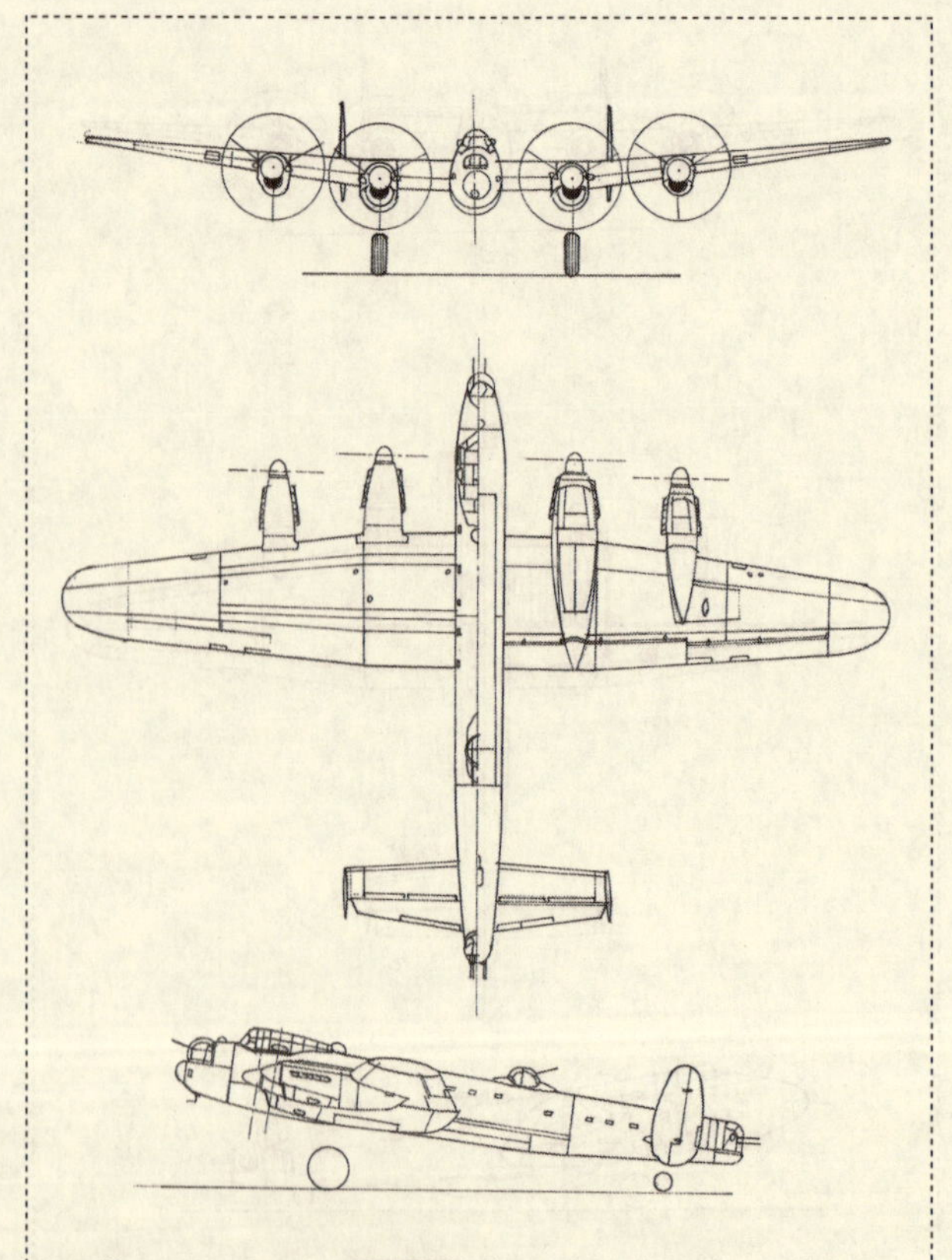

アヴロ・ランカスター重爆撃機

全幅：31.10m　全長：21.18m　自重：16700kg　エンジン：ロールスロイス・マーリン20液冷V12気筒×4　最大出力：1460馬力　最高速度：462km／h　爆弾搭載量：10000kg　武装：7.7mm機関銃×8

連の爆撃の際に会得した手法だったのである。

このドイツ三都市の「一〇〇〇機爆撃」の経験を活かし、イギリス空軍爆撃航空団はいよいよ大規模な都市壊滅爆撃作戦を実行することになったのであった。そして目標はドイツ第二の大都市ハンブルグであった。

ハンブルグに対する第一回の夜間爆撃は一九四三年七月二十四日から二十五日にかけての夜間に行なわれた。七月二十四日の夜、イギリス国内の二〇ヵ所の爆撃機基地から合計七四〇機のアヴロ・ランカスター爆撃機とハンドレページ・ハリファックス爆撃機が出撃した。各機体の爆弾倉内には三〜四トンの爆弾や焼夷弾が搭載されていた。その合計は二三九六トンに達していた。またその三〇パーセントは焼夷弾であった。前年実施された「一〇〇〇機爆撃」時の投下爆弾量の二倍近くに達していたのである。この中には当然ながら強力なブロックバスター爆弾（クッキー）も含まれていた。

そしてイギリス空軍はハンブルグ爆撃に際しては連続の爆撃を行ない、大規模火災を発生させ同市を壊滅させる計画だったのである。

爆撃は一日間を置き七月二十七日から七月二十八日の夜間にかけて再度行なわれた。参加機数は七三九機で、投下された爆弾と焼夷弾の総量は二四一七トンに達した。

爆撃は終わらなかった。さらに七月二十九日から七月三十日にかけての夜間に三度七二六機の爆撃機がハンブルグ市を襲い、合計二三八二トンの爆弾と焼夷弾を投下したのであった。

爆撃はまだ終わらなかった。八月二日から三日の夜にかけて四二五機の爆撃機が来襲し、一四二六トンの爆弾と焼夷弾を投下したのだ。そして予想外にも八月三日の午後、今度はアメリカ陸軍航空隊爆撃航空団のボーイングB17爆撃機二三五機が現われ、合計五六四トンの爆弾を投下したのであった。

ハンブルグ市は一一日間で合計二八六五機の重爆撃機により五回の爆撃を受けたことになり、そこで投下された爆弾と焼夷弾の総量は実に九一八五トンに達したのである。

この前代未聞の大規模爆撃を受けたハンブルグ市の惨状は目を覆うものであった。市の中心から周辺地域にかけては跡形もなく破壊され、無数の建造物の瓦礫で覆い尽くされた無人の都市と化していたのである。その実態は公共建造物、集合住宅、店舗、一般住宅、学校や病院など、破壊および焼失建造物の合計は三一万八四三〇戸に達したのだ。そして「確認された」市民の犠牲者数は四万二〇〇〇人、負傷者数三万七〇〇〇人であった。

ハンブルグ爆撃は次のような戦術で展開されたのである。重爆撃機の大編隊はそれぞれ一〇〇機前後の編隊に分割されており、各爆撃機の集団は数機のパスファインダー機（モスキート双発爆撃機）によって先導される。そしてパスファインダー機は爆弾投下地点に爆撃機編隊に先行し、あらかじめ爆弾投下区域を示すマーカー爆弾を投下するのである。後続する編隊はマーカーで印された区画内に無照準で爆弾を投下する。そして一回の出撃でこのような爆撃が一度に六〜七ヵ所で行なわれたのである。

じつはハンブルグ爆撃ではイギリス空軍の想定外の現象が起きたのだ。一〇〇機前後の爆撃機によって爆撃された区域には火災が発生するが、一度に数ヵ所で発生した激しい火災の炎は、炎に吹き込む風の影響でしだいに大きな炎の塊となり、ブロックごとに発生したその大火炎がさらに一つの巨大な火柱へと発達していったのである。つまり数十ヵ所で発生した火災の火柱は、最終的にはハンブルグ市を包み込むような巨大な火柱へと変化していったのであった。この火災に新しい空気を送り込むために、大火柱の周辺（つまりハンブルグ市の周辺地域）では風速五〇メートル以上の烈風が吹きまくり、火災はさらに激しさを増し火柱は巨大化し、火災の中心区域の温度は一二〇〇度前後に上ったものと推定されたのだ。

周到な英軍の爆撃により壊滅したハンブルグ市街

この現象（多数の火柱が最終的に一つに巨大化する）はハンブルグ爆撃で初めて確認されたもので、後に燃焼科学上で「ハンブルグ効果」と呼ばれるようになった。これは後述するドイツ国内のドレスデン爆撃の際や、東京の下町大空襲の際にも見られた現象として知られるようになった。

ハンブルグ爆撃で失われたイギリス空軍の重爆撃機は八七機で、出撃機総数二六三〇機の三・三パーセントに相当した。

ハンブルグ爆撃は前年に実施されたケルン、エッセン、ブレーメンに対する爆撃に比べ、格段に大きな被害を与えたが、これは爆撃に参加した機体がすべて爆弾搭載量三トン以上の新型重爆撃機で行なわれたことに起因するものであった。アヴロ・ランカスター爆撃機の場合には、行動半径六〇〇キロ以内であれば最大一〇トンの爆弾の搭載が可能だったのである。

ベルリン大爆撃

ハンブルグ爆撃はイギリス空軍爆撃航空団のドイツ本土無差別大規模爆撃の方針に、大きな自信を持たせることになった。この結果により爆撃航空団はドイツ本土の都市無差別夜間爆撃の計画を既定方針どおり実行することに決めたのであった。そしてアメリカ陸軍航空隊爆撃航空団のドイツ本土爆撃は、昼間精密爆撃で展開することが確定されたのである。

イギリス空軍爆撃航空団は一九四三年五月の時点では、すでに配下の爆撃中隊の大半の爆撃機が、双発中型爆撃機から、少数のショート・スターリング四発重爆撃機と多数のアヴロ・ランカスター四発重爆撃機、そしてハンドレページ・ハリファックス四発重爆撃機に置き換えられ、攻撃力は格段に大きくなっていたのである。

イギリス空軍爆撃航空団が次に狙ったドイツ本土の集中爆撃目標は、ドイツの首都ベルリンであった。イギリスからは直線距離で約九五〇キロの位置にあたるベルリンに対する大編

爆弾を搭載中のアヴロ・ランカスター

隊による爆撃は、イギリス空軍にとっては初めての長距離爆撃となるために、空軍はその予行演習としてベルリンの手前にあるバルト海沿岸のペーネミュンデに対する爆撃を決行することにしたのである。
ペーネミュンデはベルリンの北北西約二五〇キロ（イギリス本土から直線距離で約八〇〇キロ）の位置にあった。この地はドイツ空軍の重要施設が集中している場所で、ドイツ空軍のロケットエンジンやロケット推進軍用機、あるいはジェットエンジン推進航空機の開発が進められているところでもあった。
一九四三年八月十七日の夜、イギリス空軍の四発重爆撃機五九七機の大編隊がペーネミュンデを襲った。イギリス空軍はこの時の爆撃の効果には大きな期待はしていなかったが、ベルリン長距離爆撃の訓練としては成功した、と判断したのだ。
イギリス空軍爆撃機によるベルリン爆撃は一九四三年十一月十八日にその火ぶたが切られた。

ハンドレページ・ハリファックス

この日の夜、イギリス空軍の四発重爆撃機五四〇機の大編隊がベルリン上空に現われた。投下された爆弾量は二二〇〇トンに達した。爆撃機一機あたりの爆弾搭載量は四トンに相当したが、これはアメリカ陸軍航空隊の重爆撃機の、片道一〇〇〇キロの場合の平均爆弾搭載量の二～二・五倍に相当するもので、その爆撃効率の高さをうかがい知ることができるのである。

イギリス空軍のベルリン爆撃の基本計画では、その規模はハンブルグ爆撃をはるかに超える規模となっていたのだ。その計画によると爆撃は一九四三年十一月中旬から翌年の三月末までの間に、毎回五〇〇～六〇〇機規模の大編隊で合計二〇回実施する予定であった。そしてそこで投下される爆弾や焼夷弾の総量は三万トンと見積もられていたのであった。この爆撃もハンブルグと同じくパスファインダー方式による無差別大規模爆撃とする計画であった。

イギリス空軍はベルリン爆撃では、すべての出撃に際し他の大都市に対する陽動爆撃を展開する計画であった。これは少しでも陽動爆撃側に敵迎撃夜間戦闘機を誘い込み、本隊のベルリン爆撃隊を迎え撃つ機数を減らす計画であったのである。ただこの欺瞞作戦を成功させるために、陽動爆撃側の規模も一〇〇〜二〇〇機規模の爆撃機を投入したのであった。そして結果的にはベルリン爆撃の際に実施された陽動爆撃に投入された爆撃機の数は二三四九機に達したのだ。

ベルリン爆撃もハンブルグとまったく同じ方式で展開されたが、都市の規模がハンブルグよりも格段に広域であったために、先に発生したような悲劇的な大火災が発生することはなかった。それでも郊外の住宅区域での被害が想像以上のものとなり、規模は小さいが数ヵ所で火災旋風が発生し、広範囲な家屋焼失とともに、インフラの被害が大規模に発生することになった。しかしこの大爆撃に対しベルリン市民は耐え抜いたのである。その背景となったのが、市民生活の根幹に関わるような機関や施設を完全に破壊することができなかったために、ベルリン市民に対する救護体制や食糧配給機能がマヒする危険が避けられたからであった。

二〇回にわたるベルリン爆撃の成果は当初イギリス空軍が想定していた規模にはならなかったが、その反面、投入された爆撃機の被害が予想を超えることになったのだ。

ドイツ空軍はこの夜間の大規模空襲に対し、出撃可能なすべての夜間戦闘機をベルリン周辺や、近隣大都市の基地に配置し万全を期していたのであった。

配置された夜間戦闘機はメッサーシュミットＭｅ110双発戦闘機が主体であったが、これら

メッサーシュミットMe110（夜戦）

の機体の多くにはレーダーが装備され、胴体背面には斜め装備の二〇ミリ機関砲二門（いわゆる斜め銃）を装備していた。また多数の探照灯部隊と高射砲部隊も配置し、集中的な対空火力陣も構築していたのであった。

その結果、第一回目の夜間爆撃時のイギリス空軍の被撃墜爆撃機がわずかに九機であったものが、一月二十一日の爆撃時には六四八機中五五機が撃墜され、三月二十四日には八一一機中七二機が撃墜される有様であった。つまり二〇回のベルリン爆撃でイギリス空軍が失った重爆撃機は延べ八〇〇機を超す勢いであったのである。またさらに激しい被撃墜の惨状となったのが、皮肉にも「陽動作戦（囮作戦）」を展開した爆撃機の編隊だったのである。

ベルリン市の南一八〇キロにあるライプチヒ市に対する一九四四年二月十九日の陽動作戦爆撃では、参加八二三機中七八機が撃墜され、続く三月三十日のニュルンベルク市に対する陽動爆撃時には、出撃七九五機中九四機が撃墜されたのである。この損害は第二次大戦中のイギリス空軍の一都市に対する夜間爆撃で受けた最悪のもので、出撃全機体の一一・八パーセントに相当する大損害として記録されているのである。事実イギリス空軍爆撃航空団は一九四四年三月の一ヵ月間で、四発重爆撃機三二〇機（搭乗員の損失二二〇〇人以上）を失う結果となったのであった。

ドイツ大都市の夜間大爆撃は、攻守双方にとって甚大な損害を残す結果となったのであった。なお撃墜戦果は夜間戦闘機と高密度の高射砲隊の活躍によるものであった。

フランティック爆撃作戦（振り子爆撃作戦）

ドイツ本土の東部地域に対する爆撃は、米英爆撃航空団にとっては大きな難問として常に介在していた。爆撃機の基地のあるイギリス本国からドイツ本土東部までは直線距離でも九〇〇キロ以上あり、爆撃機による往復爆撃は可能であるが、航続距離の短い戦闘機にとっては爆撃機の往復護衛は当初は不可能であった。護衛戦闘機を随伴しないドイツ本土深部への爆撃がいかに悲惨な結果を招くかは、レーゲンスブルクやシュヴァインフルトなどの爆撃時の惨事を経験している爆撃航空団にとっては、つねに二の足を踏む思いであったのである。しかしドイツ本国東部には多数の重要な軍需工業が展開しているのである。攻撃しないわけにはいかないのであった。

一九四四年に入ると、アメリカ陸軍航空隊は長距離援護戦闘機ノースアメリカンP51の実戦への投入を開始した。同機を使えばイギリス本土から爆撃機を援護してドイツ東部の往復は可能になるのだが、肝心のアメリカ爆撃航空団が運用している二種類の重爆撃機は、必要量の爆弾（二・五～四トン）を搭載すると、ドイツ東部の往復（片道一〇〇〇キロ以上）が不可能になるのである。

また当時のソ連空軍には大量の爆弾が搭載可能な長距離重爆撃機が存在せず、ソ連側からのドイツ東部地域に対する集中爆撃は不可能な状態であったのだ。

このジレンマに対し一九四三年末に、アメリカ陸軍爆撃航空団はドイツ東部の爆撃に関わる一つのアイディアを出したのだ。それは次のような方法であった。

イギリス基地から長距離護衛戦闘機の援護を受けた重爆撃機の編隊をドイツ東部爆撃に送り出す。この編隊は爆撃終了後イギリスには戻らずそのまま東進し、ソ連の占領地域の基地まで飛行し着陸するのである（ドイツ東部からソ連占領地域の基地までの距離は、ドイツ東部の爆撃目標からイギリス基地までの距離よりも短い）。さらにソ連領内の基地からドイツ本土爆撃を行なった場合は、西部戦線の空域と違い、ドイツ空軍戦闘機部隊の配置が比較的疎らとなり、爆撃機部隊が強力な抵抗を受ける確率が少なくなるという利点があり、損害を低く抑えられると判断したためであった。

ソ連領内の基地にはあらかじめ大量の爆弾や燃料を準備しておき、着陸した爆撃機や戦闘機は補給をうけてドイツ東部の目標に爆撃に向かうのである。そして編隊は再びソ連領の基地に戻り、再び補給され、ドイツ東部の目標を爆撃した後に今度はイギリスの基地に戻るのである。つまり爆撃機と護衛戦闘機は時計の振り子のような作戦行動をとることにより、ドイツ東部の目標を少なくとも三回爆撃できる、というアイディアであった。

このアイディアは一九四三年十二月に、イランのテヘランで開催された連合国側の今後の戦況に関する作戦会議の議題となり、直ちに採用されるところとなった。この方法はソ連にとっても、これまで手の届かなかった場所の攻撃が可能であることから、ソ連の協力も速やかに得ることができたのであった。

この作戦の実行を企画したアメリカ陸軍航空隊爆撃航空団の背景には、一九四三年八月に実施されたシュヴァインフルト爆撃の際、陽動作戦として機能させたレーゲンスブルク爆撃の攻撃チームが、爆撃後イギリスに戻らず一旦アルジェリアに進み、そこで補給の後、後日フランスを爆撃してイギリスに戻ったという先例があり、この作戦が「振り子爆撃作戦」に相通ずるものと判断したためでもあった。

作戦計画は直ちに練られた。爆撃航空団はこの爆撃作戦を「フランティック作戦（Operation Frantic＝狂気的な作戦の意味）」（この作戦は別名、シャトル爆撃とも呼ばれる）と呼ぶことにした。果たして成功するか否かはわからないが、実行する価値はあると判断されたのである。

ソ連はこの作戦に協力的であった。そして基地としてウクライナ地方の隣接した三ヵ所ポルタヴァ、ミルゴロド、ピリャーチンをアメリカ陸軍爆撃航空団に提供したのだ。アメリカ爆撃航空軍はこの三ヵ所を、重爆撃機群はポルタヴァとピリャーチン基地に、戦闘機にはミルゴロド基地を使うことにしたのだ。

作戦は意表を突いた形で開始された。一九四四年六月二日、一三〇機のボーイングB17爆撃機と七〇機のノースアメリカンP51戦闘機がイタリア中部のフォッジア基地を出撃し、東北約九〇〇キロの位置にあるハンガリーのデブレツェンの鉄道施設を爆撃した。そして戦闘機と爆撃機の大編隊はそのまま一〇〇〇キロ東進し、ウクライナの所定の基地に予定どおり着陸したのである。

この作戦での損失はわずかに一機のB17を失っただけであった。そして四日後の六月六日、ウクライナの基地を出撃した一〇四機のB17爆撃機と四〇機のP51戦闘機はルーマニア北部のドイツ軍施設を爆撃し、イタリアのフォッジア基地に帰投したのであった。そしてこの重爆撃機と戦闘機の一群は数日後にフォッジア基地を出撃すると、途中でフランス南部のベジユにあるドイツ軍基地を爆撃し、イギリスの基地に帰還したのであった。この一連の出撃で失われた機体は爆撃機二五機と戦闘機一五機であった。

この作戦を高く評価したアメリカ爆撃航空団は、本来計画していた「シャトル爆撃」を実行することにしたのであった。決行日は一九四四年六月二十一日と決まった。

この日の午前、それぞれ二・五トンの爆弾を搭載したB17爆撃機一六五機がイギリス中部の基地を出撃した。また同時に六八機のP51戦闘機が爆撃機の援護のために出撃したのであ

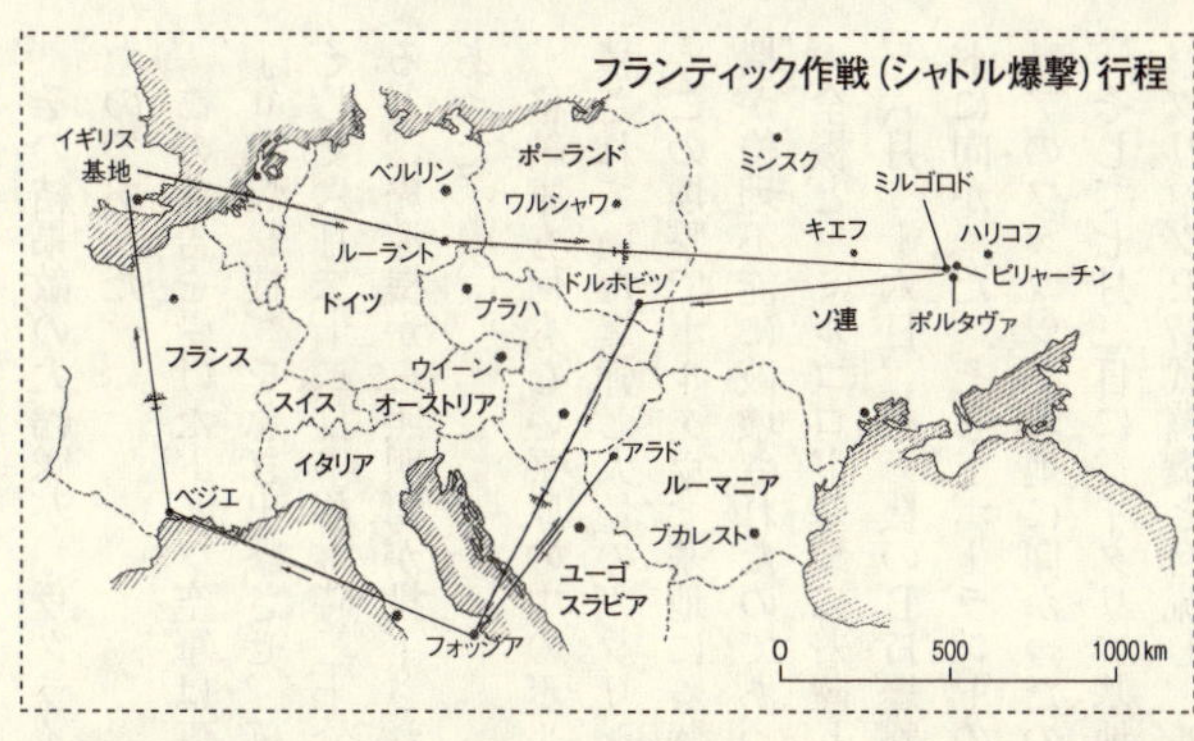

る。その目標はドイツ本国東端にある、今まで一度も爆撃を行なえなかったルーラントの合成石油工場であった。

目標上空でドイツ戦闘機の迎撃を受けたが、爆撃機二機と戦闘機二機を失っただけで、損害は軽微であった。そして一九機の爆撃機が被弾のためにあえて長駆イギリスの基地に戻ったのである。そして残りの機体は全機ウクライナの三ヵ所に用意された基地に向かった。そこに着陸したのは爆撃機一四四機と戦闘機六六機であった。

ドイツ空軍は二週間ほど前にルーマニアに来襲した敵の大編隊が爆撃終了後、飛んできた方向に戻らずそのまま東進して去ったこと、またあり得ないことだがアメリカの爆撃機と戦闘機が数日後東側からドイツ東部に現われ、爆撃終了後はそのまま西に向かって飛び去ったことに不審を抱いていた。今回も敵の大編隊がそのまま東に飛び去ったので、長距離偵察機一機（ハインケルＨｅ177爆撃機）を緊急離陸させて、大編隊の後を追ったのである。

その結果敵の大編隊が、ウクライナの三ヵ所の基地に着陸したことを確認することができたのであった。

この報告を受けたドイツ空軍は直ちに爆撃機八〇機（ハインケルHe111およびユンカースJu88爆撃機）を急ぎ出撃させ、確認されたウクライナの基地の爆撃に向かわせたのである。

そして六月二十二日午前零時三十分、八〇機のドイツ爆撃機はポルタヴァ基地上空に現われると、先導機から照明弾が投下され、後続の爆撃機から一二〇トンの爆弾が投下されたのであった。

格納庫も何もない平原の中のポルタヴァ飛行場に着陸していたB17爆撃機は爆破され、集積されていた爆弾と大量のガソリンドラム缶も失われたのである。

この爆撃でポルタヴァ基地に着陸していたB17爆撃機七三機中四七機が全損に帰し、二六機が修理不能に破壊されたのであった。しかしピリャーチン基地に着陸していたP51戦闘機の全機と、ミルゴロド基地に着陸していたB17七一機は無事であった。

六月二十六日、七一機のB17爆撃機と五五機のP51戦闘機は、基地を飛び立つとポーランドに向かった。そしてポーランドの合成石油工場を爆撃すると、そのまま編隊は南下しイタリアのフォッジア基地に向かったのである。

そして七月三日に、イタリア基地に集結していたアメリカ第一五航空団のB17爆撃機やリパブリックP47戦闘機と合流し、ルーマニアのプロエスチ油田施設の爆撃を行ない、再びフォッジア基地に帰還したのだ。七月五日、残存するB17爆撃機とP51戦闘機はフランスのドイツ軍施設を爆撃した後にイギリス基地に帰還したのであった。

イギリスの基地に戻った機体は重爆撃機一六五機中七〇機、戦闘機六八機中四〇機に減っていたのである。

その後このシャトル爆撃は八月および十一月の二回にわたり行なわれたが、合計三回の出撃でこの作戦は中止された。その理由はウクライナの基地に大量の爆弾や燃料を運び込む煩雑さが災いしたこと、またドイツ東部へのソ連軍の侵攻が進み始め、爆撃の必要性がなくなったことだった。結果的には「労多くして実り無し」の作戦であったのだ。

ワルシャワ蜂起を援護せよ（爆撃隊の決死の救援活動）

一九四四年八月一日から十月二日にかけて、ドイツの占領下にあったポーランドの首都ワルシャワで、ポーランド軍と抵抗組織が主体となり、これにワルシャワ市民の大半が決起して、解放をもとめる「ワルシャワ蜂起」が起きたのである。この事件は大戦争の陰に隠れ、世に知られることが少なかったが、戦争中にはめったに起きない占領軍に対する一大反乱事件として歴史に残るものとなった。しかし、その事実は歴史の中に埋もれ去った。

第二次世界大戦はドイツ軍がポーランドに突然侵入することにより勃発した戦争であったが、このときポーランドは強力なドイツ陸軍機甲師団と空軍の攻撃により、たちまち蹂躙され占領されることになったのである。

その後のポーランドでは、ドイツに降伏した既存のポーランド陸軍部隊が国内の治安維持のためにポーランド国民軍としてドイツ軍により再編成され、コモロフスキー将軍の指揮下で活動することになった。

しかしドイツのポーランド国民に対する圧政はポーランド国民にドイツ不信を植え付け、その中で反ドイツ組織としてのポーランド抵抗組織（ワルシャワ・レジスタンス）が、首都ワルシャワを中心に深く静かに育っていたのであった。

一九四四年六月の連合軍のノルマンジー上陸作戦後、上陸軍が西ヨーロッパに基盤を築く中、さらに東部戦線ではソ連軍がポーランド国内に侵攻し始めたことを機会に、ポーランド抵抗組織はコモロフスキー将軍の密命で、静かにワルシャワで反ドイツ抵抗の武装蜂起を計画していたのである。

ソ連軍は一九四四年七月の時点で、ソ連軍の一部部隊はポーランド国内を破竹の勢いで西進し、首都ワルシャワの東を流れる大河ウイスラ川の東岸近くまで接近していたのである。

戦争勃発後、ドイツに侵略された西ヨーロッパ諸国の国民の一部や軍隊は、祖国を脱出するとイギリスのロンドンに集結し、イギリス軍に入隊し同国人で編成された陸軍部隊や空軍部隊を編成していた。その中でも空軍部隊は特殊で、イギリス空軍の戦闘機中隊や爆撃機中隊には、同国人で組織された中隊を編成していたのである。

例えばイギリス空軍第三一〇戦闘機飛行中隊はフランス人のみで編成された飛行中隊で、別名「アルザス飛行中隊」と呼ばれていた。また第三〇〇、三〇一、三〇四、三〇五爆撃機飛行中隊はポーランド人のみで編成された爆撃飛行中隊であった。

その他にもノルウェー人やチェコスロバキア人で編成された戦闘機飛行中隊も存在し、それぞれイギリス空軍の中の一組織として戦闘行動に参加し多大な戦果を挙げていたのである。

この中においてポーランド爆撃飛行中隊のポーランド人たちも、本国の状況は秘密のルートを通し逐一承知していた。当然のことながらワルシャワを中心に醸成されている反ドイツ抵抗組織の情報も承知していたのだ。

一九四四年八月一日午後五時、ワルシャワ市のドイツ軍ゲシュタポ司令部に一発の手榴弾が投げ込まれたのである。市内に潜伏していた反ドイツ抵抗組織を中心にした、ポーランド国防軍、ワルシャワ市民の一斉蜂起の火蓋が切られたのであった。「ワルシャワ蜂起」の勃発だった。

蜂起組織の武装は国防軍に支援されており、国防軍の小銃、短機関銃、機関銃、そして手榴弾と火炎瓶で、不意を突かれた市内のドイツ軍は一気に劣勢となった。反乱の輪は急速に拡大し、蜂起組織は近づきつつあるソ連軍の援助を受けてワルシャワ市内のドイツ軍勢力を一掃する計画だったのである。

当初浮足立ったドイツ陸軍部隊は押される一方となったが、重火器を持たない反乱組織に対し態勢を立て直して攻守所を変え、しだいに鎮圧へととり掛かったのである。

そしてこのとき、事態が急変したのであった。この一斉蜂起に対し、ソ連軍が「一斉にワルシャワ市内に侵攻し反乱軍を助けてくれる」と予測していたことが起きなかったのである。

ソ連軍はウイスラ川の東岸で進撃を停止し、蜂起に静観の立場をとったのであった。

アメリカのルーズベルト大統領とイギリスのチャーチル首相はこの事態をうけて、ソ連のスターリン首相に対しソ連軍のワルシャワ市内への突入と、ポーランド抵抗組織の援護を要請したのだ。しかしこの要請に対する答えは「無回答」だったのである。ソ連軍は川の対岸でこの反乱を傍観するのみであったのである。

ソ連としては、歴史的に反ソ連（反ロシア）意識の強いポーランドを積極的に支援する気持ちは毛頭なかったのである。反乱軍を支援しドイツに勝利した暁には、このポーランド抵抗組織はいつの日か必ず反ソ連組織として活動すると考え、あえて手を貸さず自然壊滅するのを眺める構えであったのだ。

反乱軍はドイツ軍に対し激しく抵抗したが、強力な武器の前にしだいにその包囲網は狭まってゆくばかりであった。ポーランド市内はたちまち瓦礫にまみれた凄惨な姿に変貌していったのだ。

連合軍側はこのまま静観することはできなかったのである。しかし下手に積極的に蜂起軍を連合軍として援護した場合には、後々にソ連と様々な軋轢が残る心配があったのである。そこで連合軍側が出した答えは、重爆撃機による反乱勢力に対する武器、弾薬、食料、医薬品などの投下による援護であった。

ここでこの作戦に志願したのが義勇ポーランド爆撃中隊の隊員であった。そしてこれに南アフリカ空軍の爆撃中隊が協力したのである。連合軍側はワルシャワ蜂起組織に対する航空機による物資補給の行動について、航空機がソ連側が占領した領空を通過する可能性について、あらかじめソ連側の了解を得る必要があった。航空機がソ連側に撃墜されないための配慮でもあった。これに対するソ連側の回答は、領空上空の飛行は認めるが、占領区域への不時着などは一切拒否する、という極めて理不尽なものであったのだ。

連合軍側は困難な条件でも救援物資の輸送は決行せざるを得なかったのであった。直ちに準備は進められた。輸送の拠点基地はイタリア半島の南端のブリンディシ基地と決定した。しかしここからポーランドのワルシャワまでは、直線距離でも一三〇〇キロはあった。途中には標高二六〇〇メートル級の二つの山脈が横たわり、チェコスロバキア、ハンガリー、ユーゴスラビアなどの国々の上空も飛行しなければならないのである。これらの国にはドイツ空軍の戦闘機部隊も配置されている可能性もあり、無事にワルシャワの上空に達するのには様々な困難に直面する可能性があったのだ。

イギリス空軍はポーランド人搭乗員で編成された、イギリス空軍第三〇一飛行中隊を救援物資の臨時の輸送部隊とした。使用する機体はハンドレページ・ハリファックス四発重爆撃機三六機であった。他に南アフリカ空軍の爆撃中隊のコンソリデーテッドB24四発重爆撃機二四機もこの輸送作戦に参加することになった。

ハリファックス重爆撃機の爆弾搭載量は最大六トンで、最大航続距離は四〇〇〇キロであ

ハンドレページ・ハリファックス

った。しかし往復二六〇〇キロの航程では救援物資の搭載量は三トンが限界だった。各機体の爆弾倉には救援物資の入ったいくつもの大きな包みが積み込まれ、それぞれにパラシュートが取り付けられていた。

爆撃機はワルシャワの蜂起組織が占拠する区域に接近すると、彼らが指定した場所に低空からこれら物資を投下し、そして再び基地に戻るという単調だが危険な任務を繰り返さなければならないのである。

物資の投下は敵戦闘機の妨害を受けないように夜間と決められた。また物資の投下高度は三〇〇メートル付近と定められたのである。投下する場所は蜂起組織が占拠したワルシャワ市内の特定の場所（広場など）とされ、そこには夜間でも上空から識別できるように十字形に大きく篝火がたかれる予定であった。

夜間にこの行動をとるからには大編隊で行動することはできず、一回の輸送任務は六機から八機の爆撃機が行なう予定となった。ブリンディシからワルシャワまでの夜間飛行は容

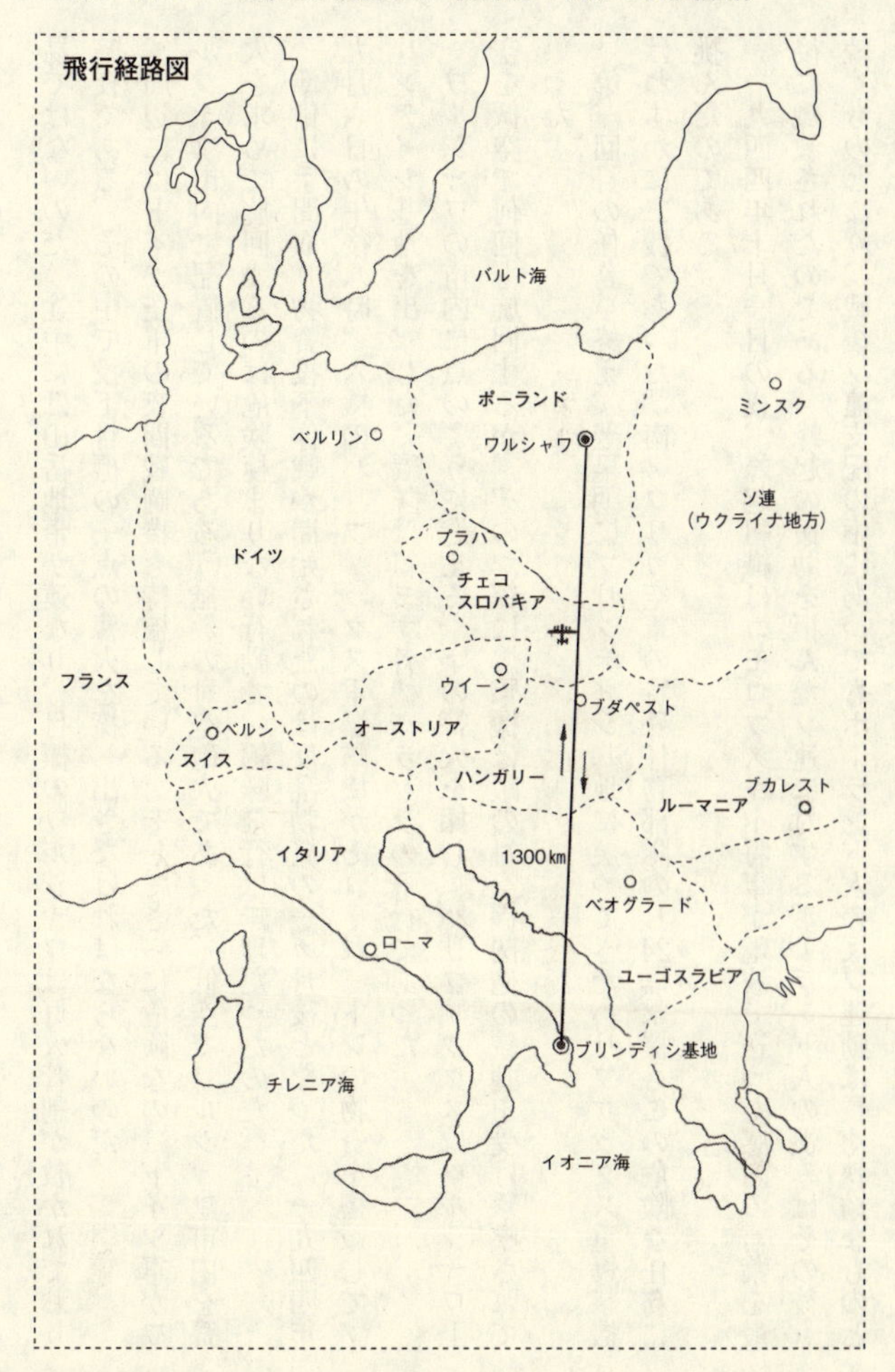
飛行経路図
バルト海
ポーランド
ミンスク
ベルリン
ワルシャワ
ソ連
（ウクライナ地方）
プラハ
ドイツ
チェコ
スロバキア
フランス
ウイーン
ブダペスト
ベルン
オーストリア
スイス
ハンガリー
ブカレスト
ルーマニア
イタリア
1300㎞
ベオグラード
ローマ
ユーゴスラビア
ブリンディシ基地
チレニア海
イオニア海

易ではないのだ。途中には山岳地帯が連なり、目標のワルシャワは灯火管制が敷かれており暗夜である。その中で投下目標の一点の篝火を探し出さなければならないのだ。周辺にはドイツ空軍の夜間戦闘機も待機している。そしてさらに危険なのはドイツ軍がワルシャワ市内に配置しているであろう無数の対空砲火であった。低空でワルシャワ市内を篝火を求めて旋回するのは危険極まりない行動で、編隊飛行は無理だったのだ。

準備に手間取り物資投下作戦が開始されたのは反乱勃発の一ヵ月後となった。一九四四年九月六日の午後八時、六機のハリファックス重爆撃機がそれぞれ三トンの物資を搭載してブリンディシ基地を出撃した。編隊は組まず各機バラバラの飛行であった。

ワルシャワの市内に点のように燃える十字の篝火を探し、ハリファックスはワルシャワ上空を低空で何回も旋回するが、そのたびに爆撃機は敵の対空機関砲の銃弾を受け撃墜されていった。

第一回目の任務を終え、翌早朝にブリンディシ基地に戻ってきたハリファックス重爆撃機はわずかに二機であった。南アフリカ空軍の特殊任務部隊のB24爆撃機もこの危険な任務に挑んだのである。

一九四四年十月一日の夜、蜂起組織はコモロフスキー将軍が電波で送った感謝の言葉を最後に殲滅されたのである。蜂起の援助を拒んだソ連に対するポーランド人の恨みはその後も続くものとなり、戦後ソ連支配の中にあってもポーランド人の反ソ運動は長く執拗なものとなったのである。

すべてが終わったとき、第三〇一爆撃飛行中隊と南アフリカ爆撃飛行中隊に残っていた重爆撃機はそれぞれわずかに四機であった。一ヵ月で配備されていた重爆撃機の九割を失った第三〇一爆撃飛行中隊のポーランド人搭乗員たちの、任務遂行への愛国心を称えなければならないのである。

この蜂起によるワルシャワ市民と蜂起組織、さらに国防軍の犠牲者の総数は二〇万人に達し、ワルシャワ市内の大規模な破壊を招いたのであった。

ドイツ空軍最後の大航空作戦ボーデンプラッテ

一九四四年十二月十六日、ドイツ陸軍は西部ヨーロッパ戦線で連合軍の最も守備の手薄な地域、ベルギーのアルデンヌ地方に対し数個戦車師団と二四個師団の兵力を集中し、一大反撃作戦を展開した。ドイツ軍の作戦名「ヘルブルト・ネーベル作戦」、連合軍側の俗称「バルジの戦い」である。

ドイツ地上軍のこの一大反撃作戦に呼応し、ドイツ空軍も当時の西部戦線で集められるすべての「戦闘機」を使い、オランダとベルギーに進出している連合軍空軍戦力を、一気に撃破する攻撃作戦を計画したのである。その方法は戦闘機のみによる敵基地への一斉の機銃掃射攻撃であった。前代未聞の作戦である。

当時アメリカ陸軍航空隊の戦闘機軍団とイギリス空軍の第二戦術空軍の戦闘機と戦闘爆撃機の各飛行隊は、オランダとベルギーの一六ヵ所の飛行場に展開していた。ただ航続距離が長い両軍の重爆撃機と双発爆撃機の大半はイギリスの基地に待機していた。

オランダ南部とベルギー北部のフォルケル、アイントホーフェン、ギルツェリエン、ドーネルなどの基地には、イギリス空軍の最新型のホーカー・テンペスト戦闘機やスピットファイア14型戦闘機、そして古豪のホーカー・タイフーン戦闘爆撃機約四〇〇機以上が駐留していた。そしてベルギー中部のアッシュ、サントロンなどの基地にはアメリカ陸軍戦闘機軍団のノースアメリカンP51戦闘機やリパブリックP47戦闘爆撃機など一八〇機以上が配備されていた。

ドイツ空軍は当時西部戦線でかき集められるすべての戦闘機をドイツ国内の西部と南西部の基地三六ヵ所（ノルトホルン、ビッセル、ヘセペ、ライネ、ホプステンなど）に集結し、一九四五年一月一日の早朝を期して連合軍戦闘機集結基地一六ヵ所を一斉攻撃する作戦を立てたのである。作戦名は「ボーデンプラッテ」であった。

これら戦闘機には重爆撃機攻撃専門の戦闘機部隊の機体も含まれ、搭乗員の多くは戦闘機教育教程を卒業したばかりの新人パイロットで構成されていたのだ。凄腕のドイツ戦闘機部隊のベテラン搭乗員も今や生き残りは極少となっていたのだ。

この作戦の準備は極秘で進められていた。それぞれの基地に集められていた搭乗員は攻撃実施の前日、一九四四年十二月三十一日の夜に基地ごとに集合を命ぜられ、攻撃の目的とその方法、そして各自の攻撃目標となる敵基地が告げられたのであった。

フォッケウルフFw190D、メッサーシュミットMe109K

攻撃隊はオランダ北部とベルギー北部、ベルギー中部、そしてフランス北部の三方向から侵入する部隊に振り分けられていた。攻撃は機銃掃射による奇襲攻撃で在地敵戦闘機を破壊する計画であった。この攻撃のために集められたドイツ戦闘機の総数は合計七九〇機であった。そしてこの攻撃集団の中で最も強力な攻撃隊は「オランダ北部とベルギー北部」から侵入する七個戦闘機大隊合計五三〇機で、「ベルギー中部」攻撃隊は三個大隊二一〇機であった。そして「フランス北部」攻撃隊は一個大隊五〇機となっていた。

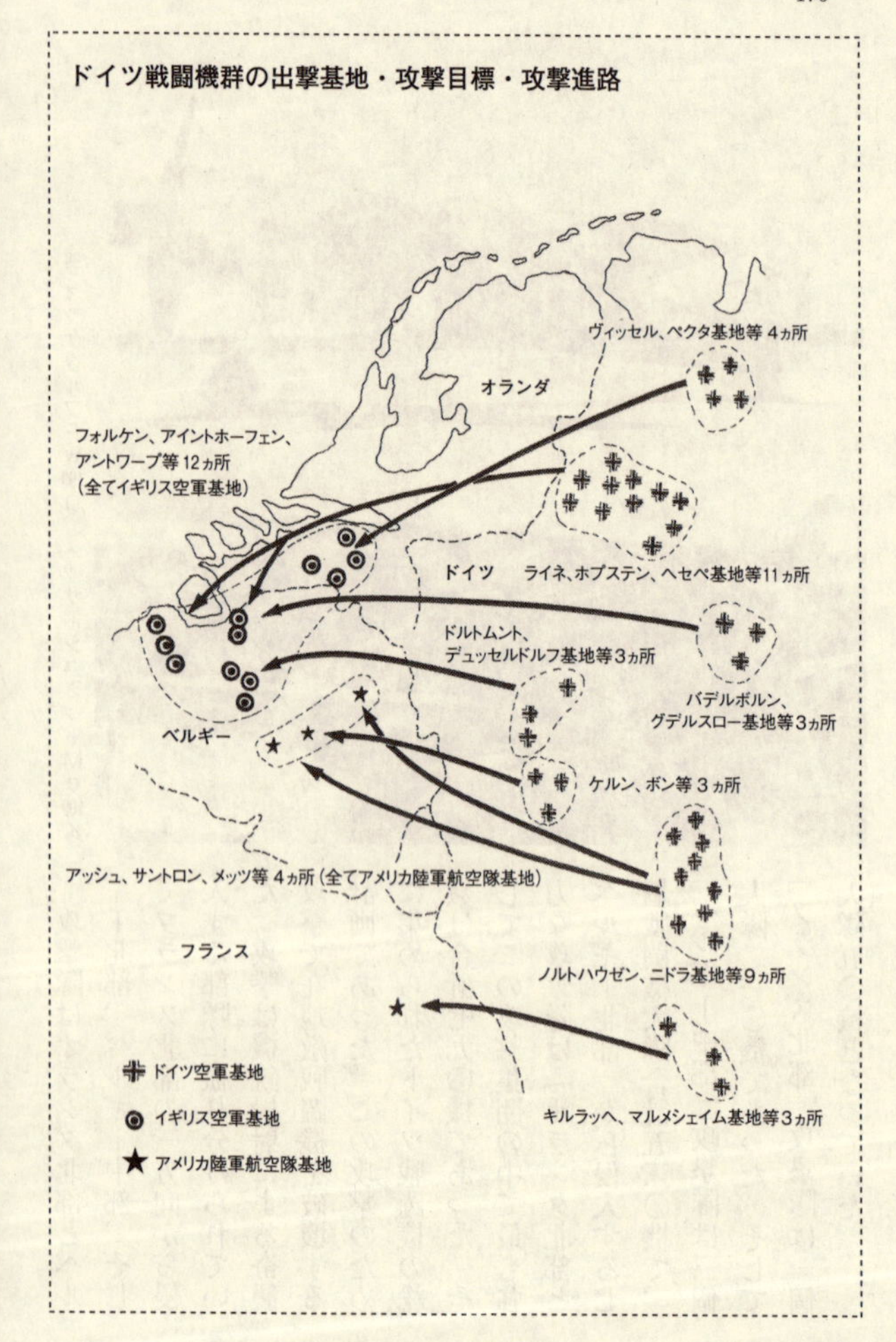
ドイツ戦闘機群の出撃基地・攻撃目標・攻撃進路
ヴィッセル、ベクタ基地等４ヵ所
オランダ
フォルケン、アイントホーフェン、
アントワープ等12ヵ所
（全てイギリス空軍基地）
ドイツ
ライネ、ホプステン、ヘセペ基地等11ヵ所
ドルトムント、
デュッセルドルフ基地等３ヵ所
パデルボルン、
グデルスロー基地等３ヵ所
ベルギー
ケルン、ボン等３ヵ所
アッシュ、サントロン、メッツ等４ヵ所（全てアメリカ陸軍航空隊基地）
フランス
ノルトハウゼン、ニドラ基地等９ヵ所
キルラッヘ、マルメシェイム基地等３ヵ所
ドイツ空軍基地
イギリス空軍基地
アメリカ陸軍航空隊基地

この攻撃に投入されたドイツ戦闘機の主力とみられたのはフォッケウルフFw190Aおよび最新のD型、メッサーシュミットMe109Gおよび最新のK型であった。

攻撃隊は天候の回復を待ち、一九四五年一月一日の午前八時に一斉に基地を出撃した。そして各編隊に指示されていた敵基地へ向かって超低空で突進したのである。

この日、連合軍側では数ヵ所の基地では早朝警戒のためにすでに多くの戦闘機が出撃し、基地を空けていた。そしてドイツ戦闘機の大群は連合軍側のレーダー網をかいくぐり指定された基地に向かって突進し、地上掃射を展開したのである。

上空警戒にあたっていた連合軍側戦闘機はこの敵戦闘機群の急襲に驚いたが、たちまち低空を飛ぶドイツ戦闘機に襲いかかり、その多くを撃墜したのである。ドイツ機は地上攻撃の劣勢の体制のまま連合軍側戦闘機の攻撃を受けることになったのである。またドイツ側パイロットの多くがこの戦闘が初めての実戦であり、自分の乗る戦闘機の操縦に未熟であることから、つぎつぎと撃墜された。さらに基地の対空火器が超低空を飛び回るドイツ戦闘機に対し的確な射弾を送り込み、多くを撃墜したのである。

なおこのとき攻撃をまぬかれた基地が二ヵ所存在した。フォルケルとアイントホーフェンである。この基地にはイギリス空軍の最新鋭のホーカー・テンペスト戦闘機と最新型のスピットファイア14型が配備されており、以後当面の戦いで運用できる数少ない戦闘機として、極めて重要な任務をこなすことになったのである。

ドイツ空軍のこの起死回生の一大航空作戦は、結果的には成功とも不成功とも判断しかねる結果となったのだ。「ボーデンプラッテ作戦」の最終的な帳尻は次のようになった。

連合軍側損害　地上破壊（全損および修理不能）　三四〇機
　　　　　　　空中戦による損害（被撃墜）　　二一四機

ドイツ側損害　被墜（地上砲火および空中戦）　三〇五機
　　　　　　　パイロット損失　　　　　　　　二一四名（参加全パイロットの二七パーセント）

ドイツ攻撃隊のいくつかは攻撃目標である連合軍基地を発見できず、帰投した編隊も存在した。これは未熟なパイロットが多いためであった。そしてこの戦闘での二〇〇名以上の戦闘機パイロットの損失は、その後のドイツ空軍戦闘機隊としては極めて大きな損害となったのである。

ドイツ戦闘機基地を急襲せよ

一九四五年に入ると、連合軍はドイツ西側国境に接近していた。一方のソ連軍もドイツの東の国境を脅かしていた。

この頃のドイツ空軍戦闘機の主力は、夜間戦闘機の双発戦闘機と最新型のフォッケウルフFw190D型や、最新型のメッサーシュミットMe109K型戦闘機、そしてメッサーシュミットMe262ジェット戦闘機であった。また攻撃機もジェットエンジンのアラドAr234双発攻撃機が主力になっていた。

連合軍側はこれら戦闘機群を空中戦で捕捉するよりも、飛行場に待機しているときに襲撃する方が効率の良い撃滅ができるとして、新たな作戦を練り直していたのだ。その一つの方法が、常時複数の高速偵察機（主にスピットファイア11型または19型）を敵地上空に飛ばして敵飛行場の様子を監視させる。飛行場に多数の敵機が集結または着陸した様子を確認すると、直ちに最寄りの戦闘機大隊の司令部に連絡するシステムを構築したのだ。連絡を受けた司令部は時を移さず、出撃可能な飛行中隊に対し直ちに出撃命令を出し、敵機が地上にいる間に襲撃し、これを殲滅する作戦を採用したのである。

襲撃方法は戦闘機八～一二機で敵飛行場に超低空の銃撃をかける方法が採用された。この場合、敵飛行場には強力な対空機関砲陣が布陣しているために、的確な機銃掃射ができるように、戦闘機隊が侵入してくる直前にロケット弾を装備した戦闘爆撃機を先行させ防空陣地を撃破する。その隙に戦闘機の編隊を侵入させて、在地の敵戦闘機などを機銃掃射して撃破するという戦法であった。

しかしこの戦法は即時性のある効果的な攻撃方法ではあるが、極度の危険性をともなう可能性があったのだ。その危険性とは敵の対空機関砲であった。ドイツ空軍は車載あるいは基地固定の二〇ミリ四連装高射機関砲を多数用意し、これまでもこれを要地にくまなく配置し、低空で飛来する連合軍機に対し有効な弾幕を張り、多くの戦闘機や戦闘爆撃機を撃墜していたのだ。

連合軍の攻勢が激しくなりドイツ軍がドイツ国内に追い込められると、これら対空火器もドイツ国内に運び込まれ、ドイツ軍要地における高射機関砲の配置密度は極めて高いものとなっていたのである。それだけに連合軍側の戦闘爆撃機なども低空攻撃では多くの被墜にあっていたのだ。連合軍の戦闘機や戦闘爆撃機のパイロットにとっては、この配置密度の高く

ドイツ軍の20ミリ四連装機関砲

なった高射機関砲は極めて危険な存在となり、とくに多くの戦闘爆撃機のパイロットは「対空機関砲恐怖症」に陥っていたのだ。

事実、ドイツ国内の滑走路一本の戦闘機基地に配置された高射機関砲の例を見ると、三七ミリ単装高射機関砲九門（一個中隊）、二〇ミリ四連装高射機関砲二四基（二個中隊：合計九六門）という濃密さであった。つまり連合軍側の攻撃機が飛行場攻撃のために低空で飛来して来た場合、攻撃時間十数秒の間にその一機の攻撃機に対して撃ち出される機関砲弾の数は、じつに五〇〇〇発以上になるのである。凄まじいまでの弾幕で機体に命中しない方が不思議なくらいで、攻撃機にとってみればまさに地獄に突入するようなものであったのだ。

一九四五年二月十五日、一つの恐怖の事例が起きた。この日ドイツ西部の連合軍最前線基地の一つ、ライネ基地に進出していたイギリス空軍のテンペスト戦闘機装備の第三飛行中隊の中の八機が、連絡がありしだい、この危険な任

ホーカー・テンペスト5型

務にいつでも出撃できるように待機していた。
テンペスト戦闘機は最高時速六八九キロの高速の持ち主で、両主翼には二〇ミリ機関砲四門を装備し、敵戦闘機との空中戦ばかりでなくドイツ地上部隊に対する掃射攻撃も展開できる、当時のイギリス空軍の最優秀・最強の戦闘機であった。

この日の午前十一時四十分、ドイツ北部のシュヴェーリン基地の周辺上空で警戒にあたっていたイギリス空軍のスピットファイア偵察機から、飛行大隊司令部に緊急連絡が入った。

「シュヴェーリン基地に四〇機前後の戦闘機の着陸を確認。他に数十機の各種機体が存在している」

この情報は時を移さずにライネ基地の第三飛行中隊に送られた。飛行中隊は待機していた八機のテンペスト戦闘機に直ちに「出撃」を命じた。

出撃命令を受けた各パイロットは、大隊司令部から送られてきたシュヴェーリン基地の位置と、飛行場の概略図、

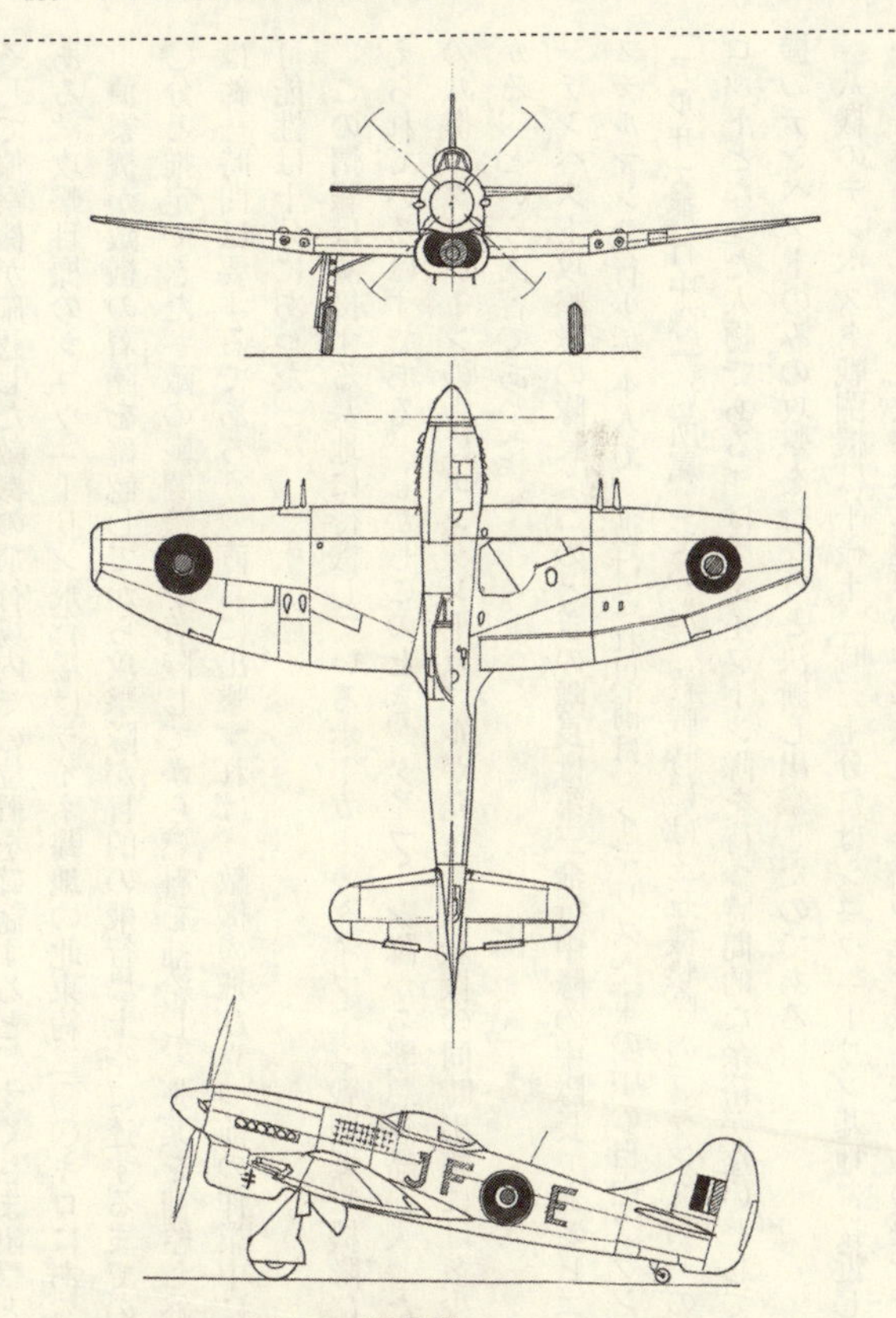

ホーカー・テンペストMk5戦闘機

全幅：12.49m　全長：10.06m　自重：4050kg　エンジン：ネピア・セイバー2B液冷水平H24気筒　最大出力：2420馬力　最高速度：678km／h　航続距離：1300km(ノーマル状態)　武装：20mm機関砲×4

そして偵察機が確認した敵機の飛行場内での位置を確認すると、すぐさま出撃となったのである。攻撃目標のシュヴェーリン飛行場はライネ基地の北東約二〇〇キロにある。

偵察機が敵機の着陸を確認してから攻撃隊が目的の飛行場上空に達するまでの時間は約五〇分と推定できた。敵の戦闘機群が着陸してから燃料を補給し、弾薬を補給し終えるまでには約一時間は要するであろう。直ちに出撃すれば、敵機の飛び立つ前の作業中に攻撃できる可能性は十分にあった。

この情報は隣接する基地に待機しているホーカー・タイフーン戦闘爆撃機隊にもすでに伝えられているはずである。しかしこのとき、タイフーン隊から緊急連絡が入った。出撃予定の八機のタイフーンの中にエンジントラブルが発生し、全機の同時出撃には多少の時間がかかる、という内容であった。

テンペスト攻撃隊の隊長（このときの隊長は第三飛行中隊の中隊長であるピエール・クロステルマン飛行少佐本人で、彼はこれ以前は、イギリス空軍の中の自由フランス飛行中隊「アルザス飛行中隊」に所属していた。終戦時には三三機撃墜のフランス第一の戦闘機パイロットとなった人物である）は、タイフーン隊を待つ時間的な余裕がないとして、直ちに八機のテンペストのみの攻撃を行なうと決断し出撃したのである。

八機のテンペスト戦闘機は午後十二時三十分にはシュヴェーリン基地に接近していた。しかし肝心のタイフーン攻撃隊は視界の中には見えなかった。戦闘機のみの決行である。

八機のテンペスト戦闘機は間隔を置いた単縦陣になり、時速六〇〇キロ、高度一〇メートルの超低空で飛行場の端から滑走路に沿うように侵入したのだ。操縦桿やフットバーをほんのわずかでも動かせば機体は地上に激突するほどの離れ業の攻撃である。

このとき、ドイツの多数の対空機関砲はすでに侵入して来る攻撃機に照準を合わせていた。超低空で一方向から侵入して来る敵機に照準を合わせることは比較的容易である。

猛烈な対空砲火であった。高速で侵入して来るテンペスト戦闘機にはたちまち数千発の機関砲弾が集中するのである。攻撃は一瞬で終わった。

一番機（隊長機）は奇跡的に無事に攻撃を終えて去っていった。しかし残る七機の中で隊長機を追ってきたのはたったの一機であった。わずか三〇秒ほどの攻撃の間に六機のテンペストは機関砲弾を受け、ある機体はたちまち爆発し、ある機体はパイロットに機関砲弾が命中したのか横転するとそのまま高速で地上に激突、また別の機体は火を発するとそのまま地上に激突した。

八機中六機が一瞬で失われたのである。直後に行なわれた偵察機による写真撮影の結果では、この危険な攻撃の戦果は甚大な損害に見合うものではなかった。目標のメッサーシュミット戦闘機の完全破壊はわずかに二機、数機が破壊された模様、目的外の輸送機の完全破壊五機、給油車両一台、機体牽引車両一台、以上であった。

ドレスデン爆撃の惨事

ドレスデン市はドイツ東部に位置する大きな都市である。南に八〇キロ行けば隣国のチェコスロバキアで、東に八〇キロにはポーランドとの国境がある。

ドレスデンは旧ザクセン王国の首都で、街中はバロック建築の粋を集めた古い石造りの建築物で満ちあふれ、まさにドイツの京都ともいえる優雅で静かな都市であった。

ドレスデン市は一九四五年一月まで奇跡的に連合軍側の爆撃を一度も受けていない、ドイツ国内でも稀有の存在の大都市であった。確かにこの都市の周辺には連合軍の爆撃の対象になるような軍需生産施設も基地も存在せず、ドイツ国民から見れば破壊の対象にもならない、あえて見捨てられた都市という思いが強かったのである。

ドレスデンに爆撃の対象になるような軍需目標があるとすれば、それはチェコスロバキアやポーランドとの国際交通の要衝としての鉄道施設（操車場や機関区そして車両工場）、あるいは道路交通の要衝になっている、という点だけであった。

一九四五年に入る頃からドレスデン市には著しい変化が起きていたのだ。それは東部戦線でのソ連軍の猛攻の前に、東部ヨーロッパ方面に移住していたドイツ系住民の多くが避難民としてドレスデンに流れ込んでいたことである。ドイツ系というだけでソ連軍は多くの住民を虐殺しているという真偽の定かでない情報が流れ、これが東部ヨーロッパのドイツ系住民をドイツ国内に、とくに当時もっとも安全であったドレスデン市に避難・流入させていたのであった。

一月当時のドレスデン市への流入避難民の総数は、五〇万人とも六〇万人ともいわれていた。その正確な数をつかむことは現在では不可能なのである。ドレスデン市内のあらゆる公園や空き地、教会、駅や公共施設の広場は彼ら避難民であふれ返っていたのであった。当時のドレスデン市の人口は六五万人とされており、結果的にはドレスデンの人口は優に一〇〇万人を越えていたことになるのである。

一九四五年二月十三日の夜十時過ぎ、突然イギリス空軍のランカスター重爆撃機二四四機の大編隊がドレスデン市の上空に現われたのだ。当時のドレスデン周辺にはドイツ軍の対空陣地などは一切駐屯しておらず、まったくの無防備都市であった。そのためにこの敵機の大編隊の来襲を知らせる空襲警報のサイレンも鳴らず、まさに突然の空襲だったのである。

イギリス空軍爆撃航空団はこの爆撃も従来の定石どおりパスファインダー方式で展開した

エンジン整備中のアヴロ・ランカスター

のだ。この夜、爆撃機の大編隊が来襲する一〇分ほど前にドレスデン市上空高度三〇〇〇メートルに八機の双発長距離軽爆撃機デ・ハビランド・モスキートが飛来し、市の中心部を正方形に囲むように各頂点に位置する場所にマーカー（着色照明弾）を投下した。

それに続いて今度は六機の重爆撃機が高度二〇〇〇メートルで現われ、マーカーの輝く正方形の頂点の中心に向けて（市の中心部）大量のマーカーを投下したのである。

ドレスデン市を囲むように輝く着色光、そしてその中心にひと際輝く爆撃中心位置の表示。ドレスデン市は暗夜でもはるか遠方の空からでも識別できる、輝く都市となっていたのであった。

マーカー投下機（パスファインダー）が飛び去った直後、今度は高度六〇〇〇メートルで二四四機のアヴロ・ランカスター四発重爆撃機が現われ、マーカーで輝く位置に大量の爆弾と焼夷弾を投下したのだ。その量はおよそ一三四〇トン。

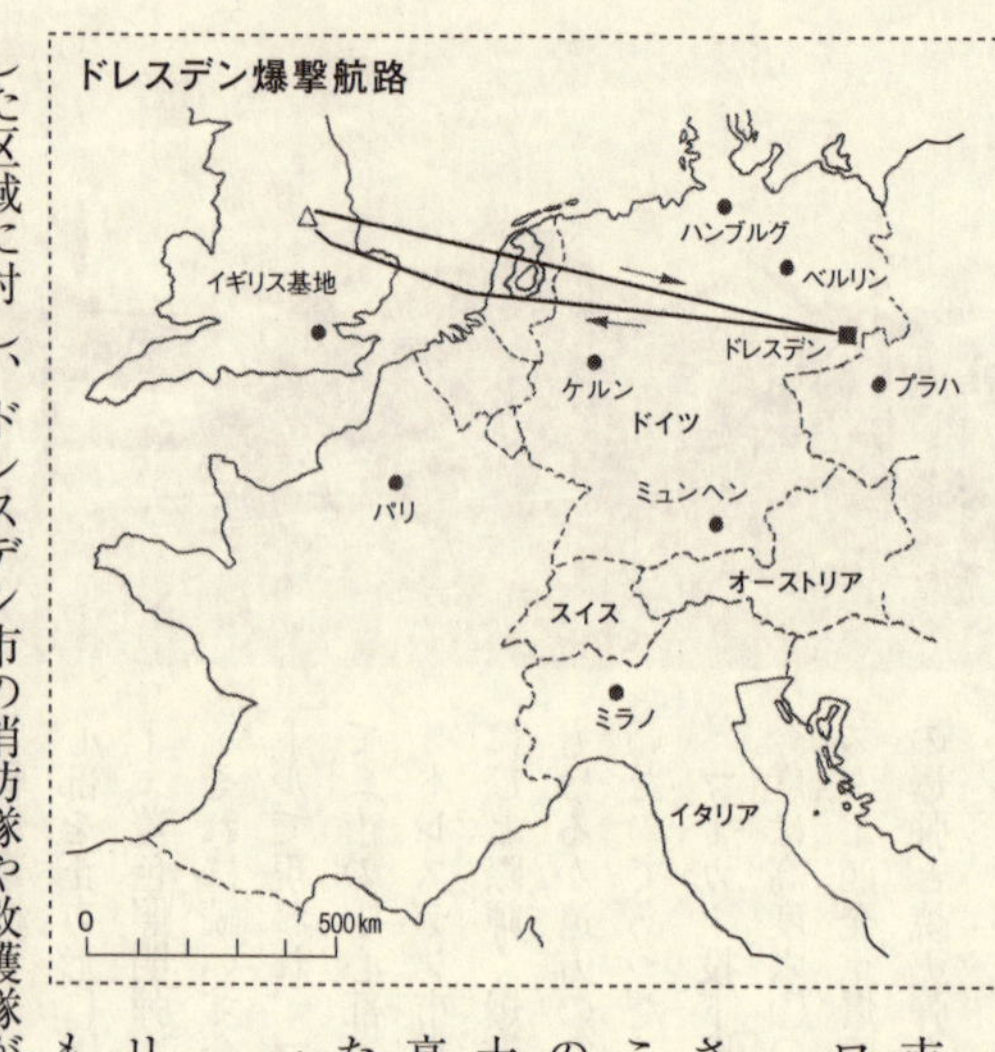

そのときマーカーで囲まれたドレスデン市の範囲は東西約一・五キロ、南北約一キロの範囲であった。

ドレスデン市の中心地は一瞬にして破壊され、大火災が発生したのである。爆撃はこれだけでは済まなかったのである。最初の爆撃から三時間後の翌未明の午前一時三十分、第二陣の重爆撃機の編隊五二九機が高度四〇〇〇メートルに現われたのであった。投下された爆弾と焼夷弾の総量は二九一〇トンに達した。

この三時間ほどの間を置いた爆撃はイギリス空軍爆撃航空団の意図的な計画によるものであった。つまり第一波の爆撃で被災した区域に対し、ドレスデン市の消防隊や救護隊が集結し消火と救助作業を展開している最中に、再び爆撃を行ないこれら作業を無力化し、ドレスデン市の機能を完全にマヒさせる目的だったのである。まさに徹底的な殺戮爆撃といえる作戦であった。

ドレスデン市街の爆撃被害範囲

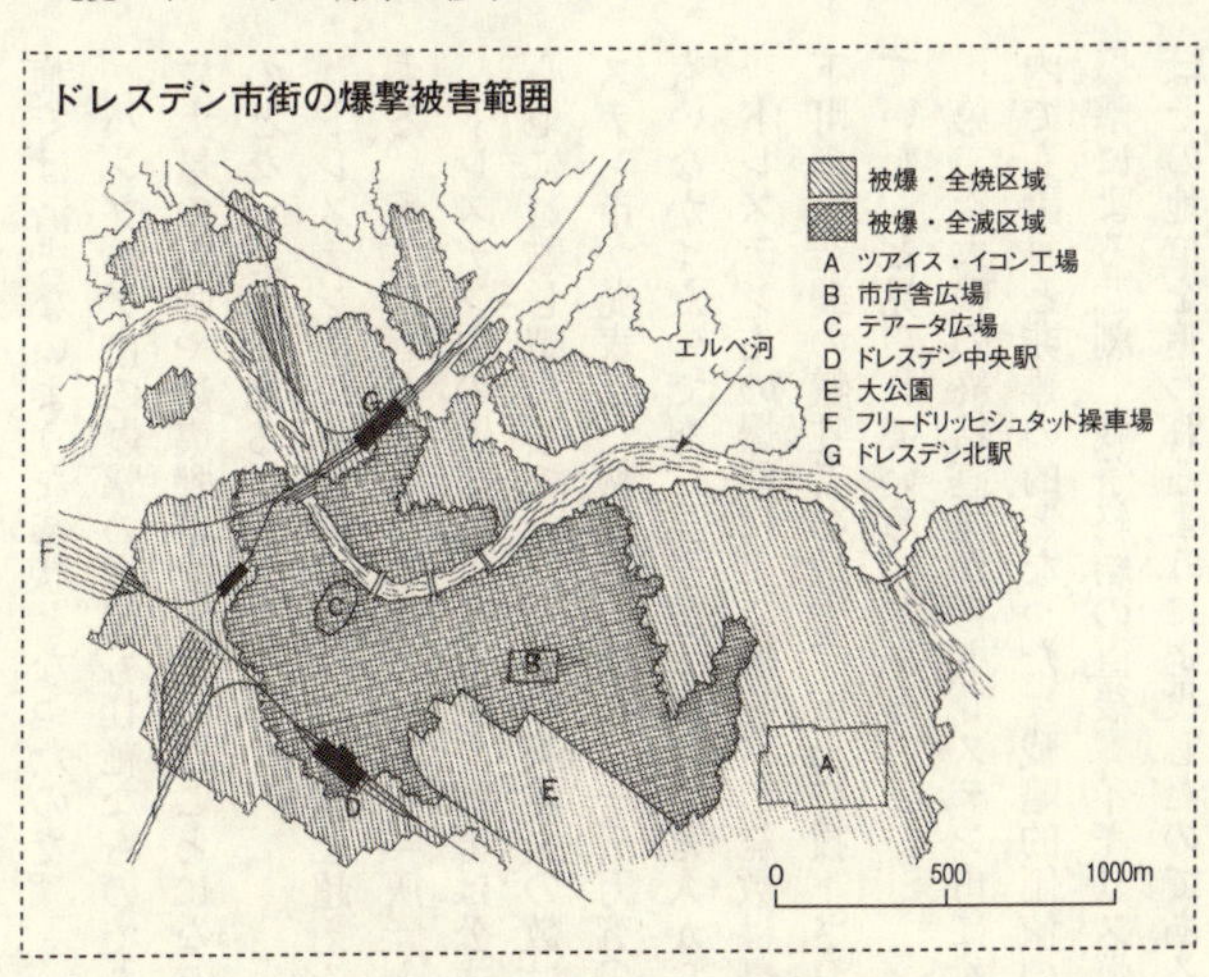

しかしドレスデン市に対する爆撃はこれだけでは終わらなかったのだ。第二陣の大規模爆撃が行なわれた一一時間後の正午過ぎの午後十二時十二分、今度はアメリカ爆撃航空団のボーイングB17爆撃機三一一機が現われ、合計七八〇トンの爆弾と焼夷弾を投下したのであった。

三度の爆撃でドレスデン市の東西約二キロ、南北約一・二キロの範囲には、合計五〇三〇トンの爆弾と焼夷弾が投下されたことになったのである。投下された爆弾や焼夷弾が連合軍標準の五〇〇ポンド爆弾と仮定すれば、わずか二・四平方キロメートルの区域にじつに二万一〇〇〇発が投下されたことになるのである。これはドレスデン市の中心地は一〇メートル四方に一発の割合で爆弾か焼夷弾が投下された勘定になるのである。猛烈という言葉では済まないような惨状となったのだ。

ハンブルグ市の爆撃の惨状も壮絶なものであったが、ドレスデン市の爆撃はより狭い範囲に大量の爆弾や焼夷弾が投下されたことになり、その被害の規模は想像をはるかに超えるものとなったのである。

ドレスデン市の中心部は一〇〇〇度を超える高温の中に長時間さらされたことになるのである。そこにいた人間は物体ではなく「灰」と化し、被害者の確定は不可能になるのである。

ドレスデン市の爆撃による市民の被害は公式には四万人と発表されているが、そこには中心地に避難し蝟集していた大量の避難民の数は含まれていないのである。戦後に改めてドレスデン市が発表した犠牲者の総数は一三万五〇〇〇人としているが、この数を信じる者は誰もいなかったのである。予想では二〇万人から四〇万人とも推定されているのだ。

ドレスデン市の爆撃による犠牲者の総数は恐らく永遠に不明であろうが、その数字は東京下町の大空襲の犠牲者の数や、広島に投下された原子爆弾による犠牲者の数を大きく上回っていた、と見られているのである。

第二次大戦の終結直後からドレスデン市に対する殺戮に近い爆撃については、イギリス国内でも論争と非難の的となった。戦略的価値のない都市に対する単なる殺戮に近い無意味な爆撃による悲劇。戦争終結の直後、イギリス爆撃航空団の司令官アーサー・ハリス空軍大将はその地位を追われるように退役したのである。

一方この惨劇に対するドイツ側の抗議はほとんど起きなかったのである。その理由を辿るとナチス・ドイツが第二次大戦中に犯したホロコーストが、ドイツ国民に大きな責任感としてのしかかっていたためであったとされている。

神雷攻撃隊出撃

一九四五年（昭和二十年）三月二十一日、特攻攻撃専用に開発された人間爆弾とでも呼ぶべき「桜花」を搭載した、一式陸上攻撃機一八機が九州の鹿屋基地を出撃した。そして同時に護衛の戦闘機として五三機の零戦も離陸した。しかし離陸した戦闘機の中の二三機がエンジントラブルを起こし、途中から基地に引き返してきたのだ。護衛戦闘機は三〇機に急減した。なお一八機の陸上攻撃機の中の二機は編隊誘導機で、「桜花」は搭載していなかった。

特攻兵器「桜花」は偵察機搭乗員であった一人の海軍少尉の発案で開発された機体であった。その背景としては当時陸軍が開発中であったイ号無線誘導弾が誘導性に多くの問題を抱えており、開発がはかばかしくなかった事情を鑑み、ロケット推進式のこの誘導弾を人間の手で操縦することで、より高い命中率が得られるのではないかと考え具申されたもので、海軍が当時検討していた特攻攻撃と合わせて、採用となったものであった。

特殊攻撃機「桜花」、胴体下に「桜花」を懸吊した一式陸上攻撃機

なお陸軍はその後、川崎航空機社開発によるイ号一型無線誘導弾の開発を進め、終戦までに一五〇機生産しているが、実戦に投入するまでには至らなかった。

海軍が開発を進めた有人飛行爆弾はその後直ちに設計が始まり、一九四四年（昭和十九年）八月には正式図面も完成した。また推進用の燃料も三菱社が実用に適した、安定した呂号固体燃料として開発に成功、直ちに二〇〇機の機体生産を開始することが決まったのである。

また実用機と同時に同型の訓練用機体の生産も開始されたのだ。この練習用の機体は、形状は実用機と同じであるが推進用の燃料は搭載せず、

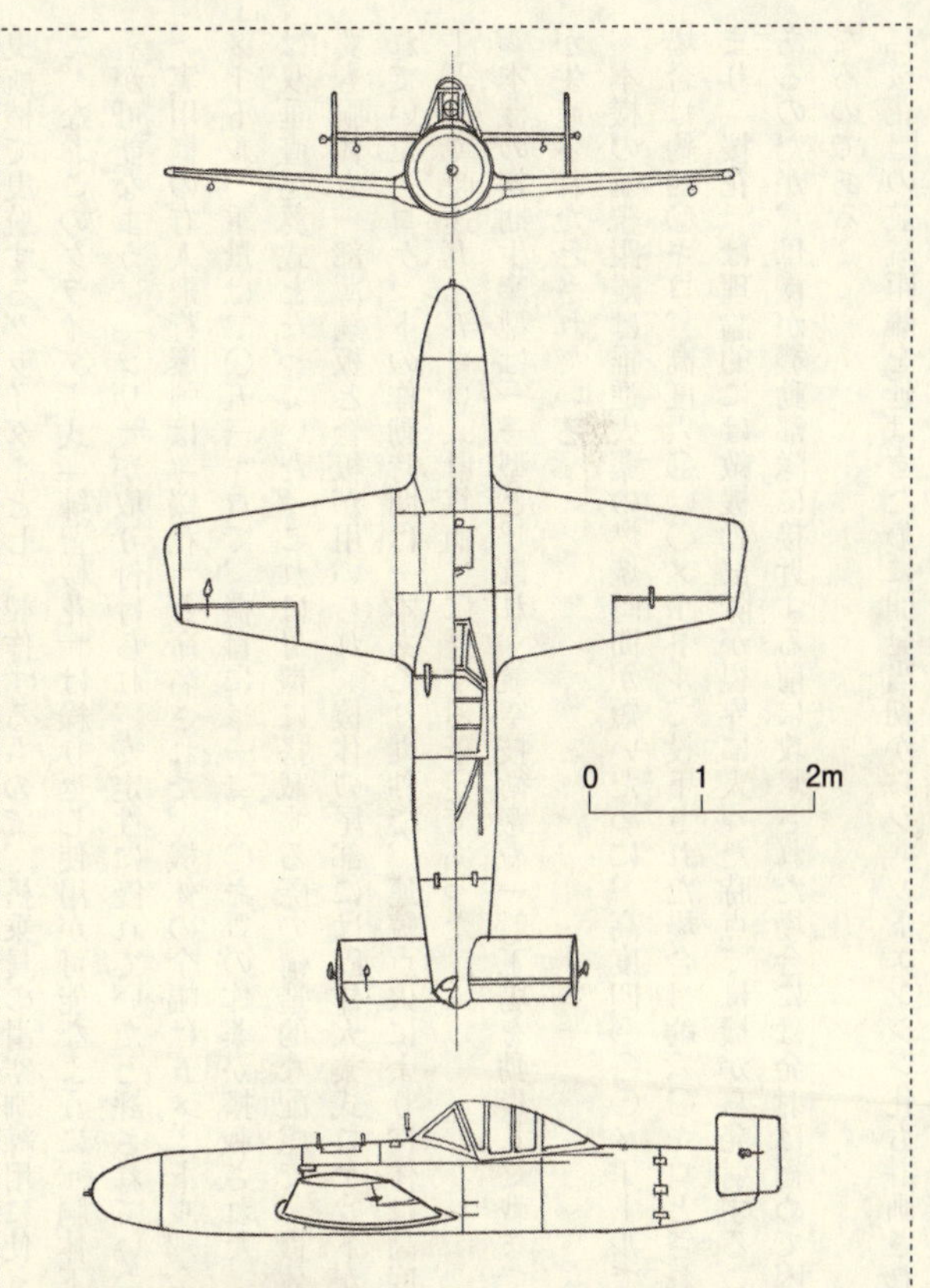

桜花一一型特殊攻撃機

全幅：5.13m　全長：6.07m　自重：440kg　エンジン：空冷四式一号20型火薬ロケット×3　最高速度：925㎞／h　発進高度：3500m　航続距離：37㎞　炸薬量：1200kg　運搬母機：一式陸上攻撃機

曳航機で曳航するグライダーとして製作するもので、搭乗員の滑空訓練用に使うものであった。なおこのグライダー式「練習桜花」は繰り返し使用が可能なように、胴体下面には離発着が可能なように「ソリ」が取り付けられ、安定性に優れていたと評されていた。

実用機の有人飛行爆弾は「桜花」と命名された。機体の全幅は五メートル、全長は六・七メートル、重量は二〇五三キロで、機首には一二〇〇キロの炸薬が搭載された。そして尾翼は双垂直尾翼式となっていた。これは母機に搭載する際の構造的な配慮で、機体は主翼も尾翼も胴体も一部薄鋼板と合板が用いられ、機体の尾部には固体火薬式ロケットが五本搭載されていた。ロケットの作動時間は一本あたり九秒で、連続点火により機体は高度六〇〇〇メートルで時速九二五キロ（計算値）に達する予定であった。

本機の初期生産型は一一型と呼ばれ、航空技術廠や一般工場を動員し終戦までに七五五機が生産されたとされている。

本機の航続距離は推進火薬の燃焼時間が短いために、高度四〇〇〇メートルで投下された場合は約四〇キロ、高度六〇〇〇メートルで投下された場合は約六〇キロとされていた。つまり「桜花」は理論的には敵機動部隊が視界に入った時点で母機から発射することが可能であるのだが、母機が機動部隊に接近する前に攻撃された場合には発射は極めて困難な事態になるのである。

「桜花」の航続距離を延ばすために開発当初からジェットエンジン化も計画されたが、ジェットエンジンの開発が難渋し、実用段階に達した「ネ20」ジェットエンジンを搭載した「桜花」やエンジンジェット式の機体の設計や開発が進められたが、いずれも構想と試作の域を出なかった。

「桜花」特攻隊への入隊志願は早くも一九四四年九月までには始まっていた。そして志願者の中から飛行経験の長い（多くは飛行訓練生で、練習機過程で飛行時間が長い者）が選ばれ、彼らは十月には「桜花」訓練課程専用の基地となる茨城県の神之池基地に集められ、「桜花」グライダーによる訓練が開始されたのである。

「桜花」は母機の一式陸上攻撃機の胴体下に懸吊されて攻撃地点まで運ばれるが、このとき陸上攻撃機の爆弾倉扉は外され、爆弾倉内の懸吊装置に取り付けられた「桜花」は、発射に際しては搭乗員が懸吊装置に内蔵された火薬を爆破させて機体を離脱させる。自由落下の後に次々にロケットに点火し、増速しながら敵艦に向かって突き進む仕組みになっていた。まさに必殺の人間操縦式爆弾だったのである。

「桜花」の初陣は一九四五年三月の九州沖航空戦であった。この戦いはアメリカ海軍第五八機動部隊の航空母艦群（大型空母八隻、軽空母三隻）に対するもので、このときには日本陸海軍の攻撃機による通常攻撃と特攻の混合で行なわれた。

この攻撃では大型空母七隻、駆逐艦五隻、輸送艦二隻に爆弾を命中させ、さらに特攻機により損害を与えたとされているが、実際には大型空母一隻が大破したのみで、他の艦艇は小

駆逐艦マンナート・L・エイブル

破程度の損傷で、その後の作戦に大きな支障をあたえるものとはなっていなかったのである。この攻撃の最中に神雷攻撃隊が出撃したのであった。

神雷攻撃隊が敵機動部隊の遊弋する海域約六〇キロまで接近したとき、すでにレーダーで敵機の大編隊を探知していた各空母からは、多数の迎撃戦闘機が緊急出撃しており、機動部隊のはるか手前には幾重にも敵戦闘機が待機していたのであった。

神雷攻撃隊はまさにその中に飛び込んだのである。三〇機の零戦はそれに数倍する敵戦闘機に包囲され、空戦が始まり、肝心の一六機の「桜花」母機を守る状況ではなかったのだ。「桜花」母機の一式陸上攻撃機はたちまち敵艦上戦闘機の群れに襲われ、「桜花」を切り離す暇もなく次々に撃墜され全滅したのである。この空戦で護衛の零戦一〇機が撃墜され、日本側の撃墜戦果はわずかに二機であった。

この後、大規模な「桜花」による敵艦艇の攻撃作戦は行なわれていない。それは一つには多数の母機の調達が不可能であったことにもよるのだ。「桜花」作戦は四月一日に実施されたが、出撃数はわずかに六機のみであった。このときは作戦海域が視界不良で攻撃は行なわれず、四機が未帰還となり二機が引き返すことになった。

その後四月十二日に第三回目の「桜花」攻撃隊が出撃したが、このとき沖縄近海で母機を離れた一機の「桜花」が、ピケット駆逐艦（日本機の来襲を警戒するために配置されたレーダー監視任務の駆逐艦）マンナート・L・エイブルの船体中央部に命中し爆発したのだ。この爆発により同艦は船体の中央から二つに折れ、たちまち沈没したのである。

「桜花」攻撃は合計一〇回実施されたとされているが、敵艦艇を撃沈したのは駆逐艦マンナート・L・エイブル一隻のみで、その他駆逐艦と輸送艦数隻に突入したとされているが、いずれも中破程度の損害をあたえて終わっている。

人間爆弾「桜花」は、発想そのものが悲壮そして悲劇であるが、得られた戦果は構想とはかけ離れた結果で終わることになったのであった。

エルベ特攻隊全機出撃せよ

「エルベ特攻隊」とは第二次世界大戦の末期にドイツ空軍内に組織された特別任務の飛行隊であった。この飛行隊の空軍内での呼称は「Sonder Kommando ELBE」である。Sonderとは「特別の」という意味で、Kommandoとは「部隊」と訳することができる。つまりこの飛行隊はエルベ川（ズデーテン山地からドイツ東部を流れ、ハンブルグ付近で北海にいたる）の名を冠した特別任務の飛行隊なのである。

ドイツ空軍は一九四四年に入る頃からしだいに強化されだした米英航空軍によるドイツ国内に対する爆撃に対し、日増しに数を増す重爆撃機の対策にあらゆる手段を講じていたが、その成果は上がるどころか迎撃する戦闘機とパイロットの不足に苦悩を強いられるのみであった。

そしてドイツ空軍は一九四四年秋、日本陸海軍航空部隊がフィリピン海域方面で展開している特攻攻撃について大きな関心を寄せていた。さらにこの攻撃方法が敵重爆撃機に対しても展開されていること（陸軍飛行第二四四戦隊の体当たりを基本とする震天制空隊の情報）も知ることとなった。

当時のドイツ戦闘機隊の指揮官の一人にハーヨ・ヘルマン空軍大佐という人物がいた。彼は極めて攻撃精神旺盛な指揮官で、激化するイギリス空軍重爆撃機の夜間爆撃の編隊に対し、「ヴィルデ・ザウ」という新しい攻撃方法を提案し、これに成功して多数の爆撃機の撃墜に貢献した人物であった。

彼はアメリカ陸軍爆撃航空団の展開する大編隊の重爆撃機による爆撃に対し、有効な攻撃方法を検討していたが、日本の体当たり戦法を参考にした新しい戦法を提案したのであった。この攻撃方法とは「体当たり」主体の攻撃であった。防空戦闘機として最新鋭のメッサーシュミットMe262ジェット戦闘機（本機の攻撃方法は、翼下の数発の空対空ロケット弾で重爆撃機編隊を崩し、しかる後に搭載する四門の三〇ミリ機関砲で大量撃墜する）が充足されるまで、この新しい「体当たり」戦法で時間を稼ごうとしたのであった。

但し「体当たり」はあくまでもパイロットの意思に任されるもので、絶対的義務ではなかった。しかしこのエルベ特攻隊に準備された戦闘機は、武装のすべてが外され、事実上の「体当たり専用機」となっていたのである。

エルベ特攻隊の搭乗員は志願制度になっていた。戦闘機パイロットが激減していた当時の

フォッケウルフFw190A、メッサーシュミットMe109G

ドイツ空軍では、応募したパイロットの大半は戦闘機学校の教程を修了したばかりの、空中戦もおぼつかない初級のパイロットたちであったのだ。

　しかし彼ら全員は祖国防衛の思いに駆られ攻撃精神だけは旺盛であった。これら隊員への新たな教育が開始されたが、燃料と機材の不足から実機による飛行訓練時間は少なく、多くの時間は「自己犠牲的な攻撃精神の醸成」という精神教育に費やされたのであった。そしてアメリカ爆撃機の機銃の配置や射界、性能や構造などについての机上教育が長く続いたのであった。

　この特別攻撃戦闘機隊の隊長は当然のことながらハーヨ・ヘルマン空軍大佐であった。一九四五年三月初めまで

敵機と激突、機体後部を裂かれたB17

に同攻撃隊が調達できた戦闘機は、その多くはすでに旧式化し訓練部隊などで使われていたメッサーシュミットMe109G型戦闘機やフォッケウルフFw190A型戦闘機で、他に最新型の同型機も含め合計約二〇〇機であった。そして集められた戦闘機からは機銃、防弾板、無線機、照準器まで外され、可能な限り機体重量を軽くして飛行性能の向上を図ったのである。

攻撃に際し体当たり直前に脱出することはパイロットの「自由意志」に任されていたのであるが、これは現実にはまったく不可能といえるものであった。

ドイツ降伏が一ヵ月後に迫った一九四五年四月七日、アメリカ陸軍爆撃航空団はベルリンを中心にした大規模な昼間爆撃を決行した。

参加機はボーイングB17およびコンソリデーテッドB24四発重爆撃機の出動可能機のすべてで、その総数は一三〇四機、そして護衛の戦闘機七九二機が随伴したのである。まさにドイツ上空を覆う巨大編隊であったのだ。

このときこの大編隊を迎え撃つためにベルリン周辺の戦闘機基地二〇ヵ所から総数二〇〇機のドイツ戦闘機が飛び立った。そしてそこにエルベ特攻隊の一五〇機が初めて参加したのであった。この日出撃が準備されていた同隊の戦闘機は一八〇機であったが、エンジンの不調で三〇機が出撃不可能となっていた。

そして実際の戦闘はどのような結果となったのか。

このときの戦闘について、アメリカ側とドイツ側の記録が明確ではないのだ。アメリカ側はエルベ特攻隊の存在を知るわけもなく、襲ってくる敵戦闘機はすべて通常の戦闘攻撃と理解していた。一方のドイツ側は出撃した特別任務部隊の戦闘機の半数以上が未帰還となっており、戦闘の詳細が不明なのである。

アメリカ護衛戦闘機の膨大な群れは、迎撃してきたドイツ戦闘機の多くが操縦未熟なパイロットによって操縦される戦闘機として見ていたのである。しかしそれが特別任務部隊の戦闘機と判断することは不可能なのである。エルベ特攻隊戦闘機隊の多くが体当たりすることもできず、無数の護衛戦闘機によって容易に撃墜されていったのである。

アメリカ爆撃機側の証言でも、この日体当たり攻撃して来たドイツ機は多くはなかった、と報告されているのである。

一方のドイツ戦闘機隊はこのときの特別任務戦闘機隊の戦果は、「体当たりにより爆撃機撃墜六〇機以上、味方未帰還戦闘機七七機」と報じたのだ。そしてエルベ特攻隊所属の戦闘機で基地に帰還したのは四〇機ほどであったことが確認されているのである。

アメリカ爆撃機側と護衛戦闘機側の戦闘報告から推察すると、この特殊攻撃で体当たりに成功したのは十数機程度で、他の七〇～八〇機程度はアメリカ護衛戦闘機に苦もなく撃墜されてしまった、というのが真実のようであった。

昭和二十年三月十日、東京大空襲

米軍の東京に対する爆撃は一九四二年（昭和十七年）四月十八日のいわゆる「ドーリットル空襲」が初めてであった。一九四四年七月にサイパン島、八月にテニアン島がアメリカ軍に占領されると、直後からこの二島にはB29重爆撃機用の大規模な滑走路建設が開始された。マリアナからの日本本土爆撃の足場を固め始めたのである。

この二島の滑走路建設は、大型建設機械を駆使した大々的な工事であった。最終的にはサイパン島には二本の滑走路（各滑走路規模：全長二六〇〇メートル、幅六〇メートル）、テニアン島には同規模滑走路四本が建設され、太平洋戦争最終段階の昭和二十年八月には、二島合わせてB29爆撃機九五〇機が駐留していたのだ。まさに日本の土木建設の常識を上回る大規模建設が行なわれていたのであった。なおサイパン島には戦闘機・哨戒機専用の滑走路（コブラー基地）も一本建設されていた。

両島のB29爆撃機用の滑走路が順次完成するにともない、アメリカ陸軍航空隊はB29爆撃機による日本本土の本格的爆撃のタイミングを計りだした。

B29爆撃機は量産開始直後からエンジントラブルが多発し、必ずしも順調な滑り出しではなく、また量産体制も整っていなかったために、大量のB29の部隊への供給には時間がかかった。しかし一九四四年十月に入るとサイパン島とテニアン島の滑走路が出来上がり、B29爆撃機も機数が揃いだし、日本本土爆撃の時期も熟してきたのであった。十月には両島に合わせて一二〇機のB29爆撃機が配置されていたのである。

一九四四年十一月一日、一機のB29爆撃機が東京の高度一万メートル上空に現われたのだ。写真偵察であった。本機はB29爆撃機に偵察用写真機を搭載した偵察機型のB29で、アメリカ陸軍航空隊の呼称はF13であった。

このとき日本の戦闘機陣はこの機体を捕捉・撃墜できなかった。陸海軍ともに高度一万メートルまでの緊急出撃上昇ができる戦闘機がなかったのである。

この日から三週間後の十一月二十四日、本格的なB29爆撃機の東京空襲が開始された。合計一一一機（出撃時）のB29が東京西部の中島飛行機武蔵工場（エンジン工場）爆撃のために現われたのだ。爆撃機の編隊は西方から侵入し、高度九〇〇〇メートルから爆弾を投下した。しかし目標に命中したのは極めてわずかであった。それは晩秋から春先にかけて日本上空の高度八〇〇〇メートル以上に吹く強い偏西風のためであった。アメリカ陸軍航空隊はこ

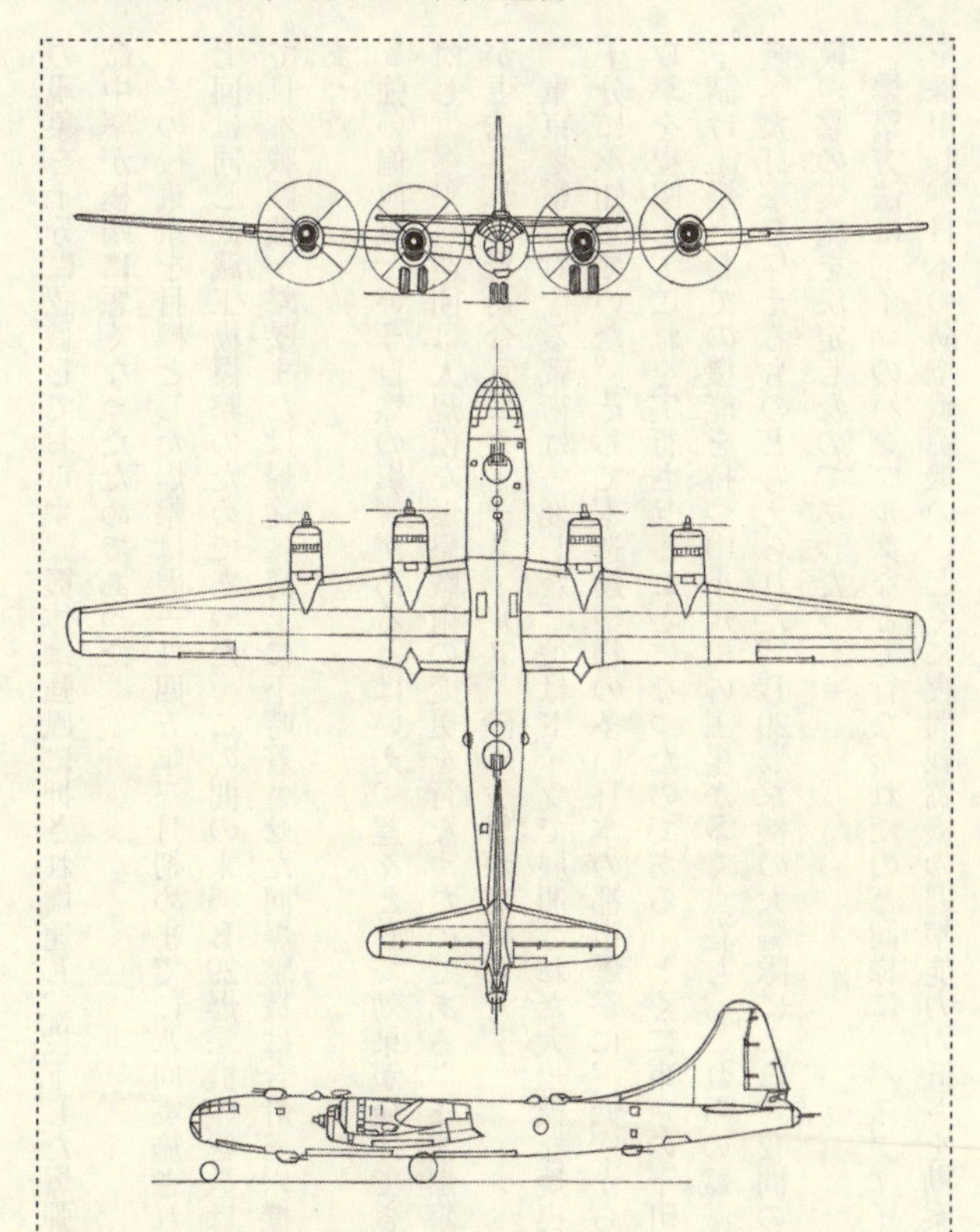

ボーイングB29A重爆撃機

全幅：43.1m　全長：30.2m　自重：32400kg　エンジン：ライトサイクロンR3350空冷18気筒(排気タービン付)×4　最大出力：2200馬力　最高速度：576km／h　航続距離：6600km　爆弾搭載量：9000kg　武装：20mm機関砲×1、12.7mm機関銃×12

の現象を十分に認識しておらず、機体は強風に押され増速し、投下した爆弾は強風に流され命中率が極端に悪くなったためであった。

その後東京を目標とした爆撃は翌一九四五年三月初めまでに八回実施されたが、その中の七回は同じ武蔵工場爆撃のためであった。この間の来襲B29爆撃機の総数は八一四機。そして日本戦闘機が撃墜または帰途に海上に不時着させた同爆撃機は合計三六機（米軍記録）であった。

強い偏西風という自然の影響があるとはいえ、遅々として効果が発揮できない東京爆撃に対し、爆撃航空団は大規模な爆撃戦術の変更を行なったのである。まず爆撃機航空団司令官が更迭され、新司令官にカーチス・ルメイ陸軍少将が着任した。

東京爆撃に対する戦術は一変した。彼はドイツで展開された大規模な焼夷弾攻撃の効果を十分に承知していた。そして木造建築物の多い日本の都市爆撃に、低空からの大規模焼夷弾攻撃を提唱し、これを実行させることになったのである。とくに東京の下町には軍需産業の下請け工場としての機能を持つ中小規模の工場が多く点在し、これらの殲滅は日本の軍需生産へ大打撃を与えるものと考えられた。B29爆撃機の大編隊による、夜間の低空からの大規模爆撃の実施を決定したのであった。

爆撃方法はドイツのハンブルグなどで行なわれたのと同様に、パスファインダー爆撃方式を採用し、日本の防空戦闘機の、とくに夜間戦闘機の迎撃能力の低さを勘案し、大編隊で超

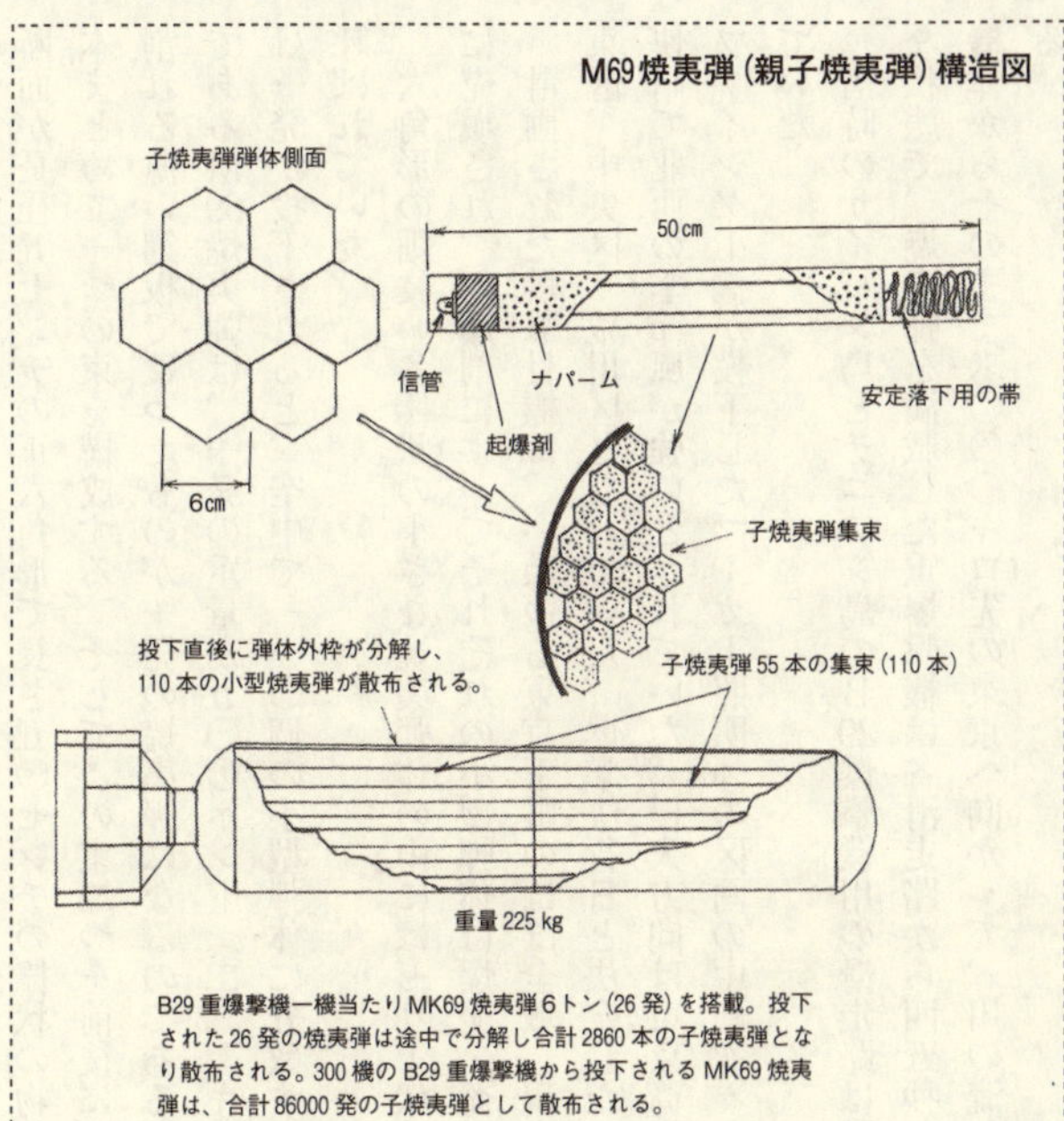

B29重爆撃機一機当たりMK69焼夷弾6トン（26発）を搭載。投下された26発の焼夷弾は途中で分解し合計2860本の子焼夷弾となり散布される。300機のB29重爆撃機から投下されるMK69焼夷弾は、合計86000発の子焼夷弾として散布される。

低空からの東京下町方面の爆撃を決行することにしたのだ。

この作戦は当時マリアナ基地に集結できたB29爆撃機の全力（約三〇〇機）で決行することとし、期日は三月十日未明、爆撃高度は五〇〇メートル以下、パスファインダー機を先行させる、というものであった。

そして全機爆弾は搭載せず、すべて新型のM69集束焼夷弾とし、搭載量は一機あたり六トンと決められた。

なおM69焼夷弾とは次のような構造になっていた。

断面が長径五センチの正六角形で長さ五〇センチの棒状の物体が一つの弾体で、これを五五本まとめて一つの束を構成する。そしてこの束二つを前後に並べ、これを落下途中で二つに割れる薄い鋼板で覆ったものが一発の焼夷弾になるのである。合計一一〇本の焼夷弾体の塊であるM69焼夷弾は、一発の重量が五〇〇ポンド（二二七キロ）となっており、この焼夷弾は一発が投下されると、空中で一一〇個の小型弾体に分散するので、通称「親子焼夷弾」と呼ばれていた。

六角形の細長い各棒状の小さな焼夷弾体の中にはゼリー状のガソリンと黄燐が起爆剤と共に充填され、起爆剤によってそれぞれの小型弾体は爆発・発火するのである。

計画された爆撃目標は、いわゆる東京下町のほぼ全域、現在の東京都江東区、墨田区、台東区、中央区、荒川区となっていた。爆撃決行日と決定した三月九日夜の東京の気象予報は、快晴で北西の季節風が強いとされていた。侵入方向は東京湾側からで、低空で侵入し、パスファインダー機が投下したマーカー照明弾の区画の中に次々と焼夷弾を投下する作戦となっていた。

当時のサイパン島とテニアン島のＢ29爆撃機用の滑走路は計画の半分（四本）が使用可能な状態で、焼夷弾を満載した重爆撃機は各滑走路から四五秒おきに離陸して行き、離陸した機体からそのまま二〇〇〇キロ先の東京へ向かって、川の流れのように進んで行ったのである。

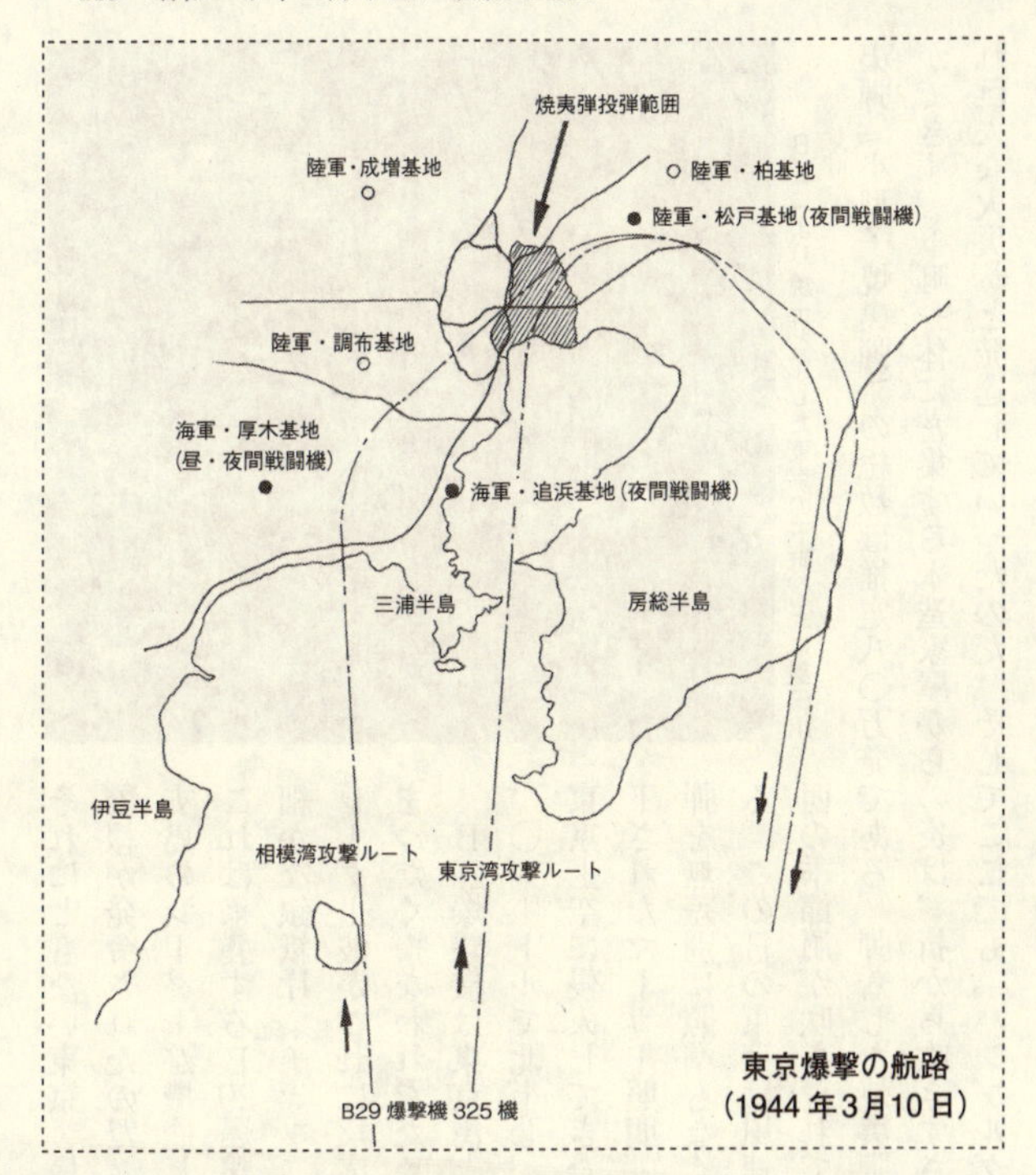

東京爆撃の航路
（1944 年3月10日）

爆撃機の離陸は三月九日の午後五時ごろに開始された。なお爆撃区域を示すマーカー投下専用のパスファインダー機は、本隊爆撃機の出撃の少し前に離陸していった。この日、東京爆撃に出撃したB29爆撃機は合計三二五機であった。

三月九日の午後九時二十二分、伊豆八丈島のレーダーが敵機の編隊の接近を探知し、直ちに東京の東部軍管区にたいし報告された。

それにともない東京・横浜方面には直ちに警戒警報が発令されたのだ。しかしその直後から八丈島のレーダーが機能しなくなったのである。これは来襲するＢ29爆撃機から大量の欺瞞用の細かな銀紙片（チャフ）が断続的にばらまかれ、レーダー波がこれに反応してレーダーの機能がまったく損なわれたためであった。

Ｂ29爆撃機は東京湾上空を高度五〇〇〜一〇〇〇メートルで北上し、江東区付近から次々と東京上空に侵入してきたのだ。そしてすでに投下されたマーカー照明弾が示す目標の中に焼夷弾を無差別に照準もなく次々と投下したのである。この日の東京は風速一〇メートル前後の北西の季節風が吹き荒れていた。ばらまかれた焼夷弾（小型子焼夷弾）の総数は推定八〇万発である。弾着した焼夷弾は容易に消火することができず、下町一体に密集する木造家屋からの炎は、折から吹きすさぶ強い北西風にあおられ巨大な火災へと発達していったのだ。そしてここでも「ハンブルグ効果」が発生したので

Ｂ29により焼土と化した東京の下町。上は墨田川

ある。

一夜にして東京下町一体は焼け野原となったのだ。この大惨事で失われた人命は確認されている数だけで八万三七九三名、負傷者四万九六八名、家屋を失った罹災者総数一〇〇万八〇〇五名、被災家屋二六万八三五八棟。爆撃がもたらした大惨事であった。

この日の日本陸海軍戦闘機部隊の行動は不活発であった。エンジン不調や強風による離陸不能などが重なり、出撃できたのは陸軍飛行第二十三戦隊と第五十三戦隊、第七十戦隊、そして海軍第三〇二航空隊の総計四〇機ほどだけであった。この日、日本側が挙げた撃墜戦果はわずかに一四機のみであった。

東京はこの後、五月二十四日の夜、続く二十五日から二十六日にかけての夜間に、総計九九五機のB29爆撃機による空襲を受けた。この爆撃は主に東京の山の手方面に対する爆撃であったが、これにより東京都内は西部郊外を残しほぼ全域が爆撃を受け、焼失しつくされた、と表現できる惨状となったのである。

この三日間の爆撃時の日本側戦闘機が撃墜したB29爆撃機の総数は四三機に達したが、この数値は出撃機の五パーセントにも満たないわずかなものであったのだ。

不可解な爆撃

一九四五年三月十日の未明、東京下町は大規模な空襲に見舞われ、ほぼ全域が焼失し人的にも甚大な被害が生じたのであった。そしてこの日、同じ時刻に東北地方でボーイングB29爆撃機による不思議な爆撃が展開され、そして不思議な事件が起きたのであった。

三月十日午前二時頃に福島県平市（現いわき市）に対し三機、岩手県盛岡市、宮城県仙台市でも一機のB29爆撃機による爆撃があったのだ。そして同時刻に今度は宮城県と山形県にかけて聳える蔵王連峰に、三機のB29爆撃機がほぼ同時に激突するという事件が起きたのである。

戦後の調査によると、この日の日本本土爆撃の目的はあくまでも東京の爆撃であり、それ以外の目標を爆撃する計画は皆無であった。考えられることはこれら合計八機のB29爆撃機は東京爆撃のために北上したが、サイパン島とテニアン島の基地から出撃した後に、それぞれの機体が洋上の行程二〇〇〇キロにわたる暗夜の飛行の中で針路を誤り、爆撃目標の東京には向かわずこれらの地点に到達してしまった、というのが真相のようであった。

一度に三〇〇機ものB29の出撃に際して使われた両島の専用滑走路の数は合計六本であった。多数の爆撃機が出撃する際に、全機の離陸を待って基地の上空で編隊を組み目標に向かうことはとうてい不可能なことなのである。全機の離陸に要する時間は二時間以上にもわたるのだ。燃料消費量の節約のためにも各爆撃機は離陸するとそのまま目標の北に向かって直進することになるのである。そして各機は北上の段階でお互いに適宜編隊を組むのだ。そのために例えば東京爆撃の際には、川の流れのように次々とB29爆撃機の編隊が侵入して来ることになるのであった。

しかしこの暗夜の飛行中に、飛行針路がわずかに一度あるいは二度東にずれて北進した場合、このB29爆撃機は目標の東京ではなく容易に福島県や宮城県に到達してしまうのである。夜間飛行では決してあり得ないことではないのである。

三月十日午前二時ごろ、海岸線から至近の距離にある福島県平市の西はずれに、低空を飛行する三機のB29爆撃機から大量の焼夷弾が投下されたのである。このときB29一機の焼夷弾搭載量は六トンに達した。焼夷弾が投下された場所は小名浜港に近い民家と工場が混在する地域であった。この爆撃で民家と工場など合計五八五戸が焼失し、住民一六名が犠牲になっている。この日深夜零時前に平市全域に警戒警報、続いて空襲警報が発令された。このた

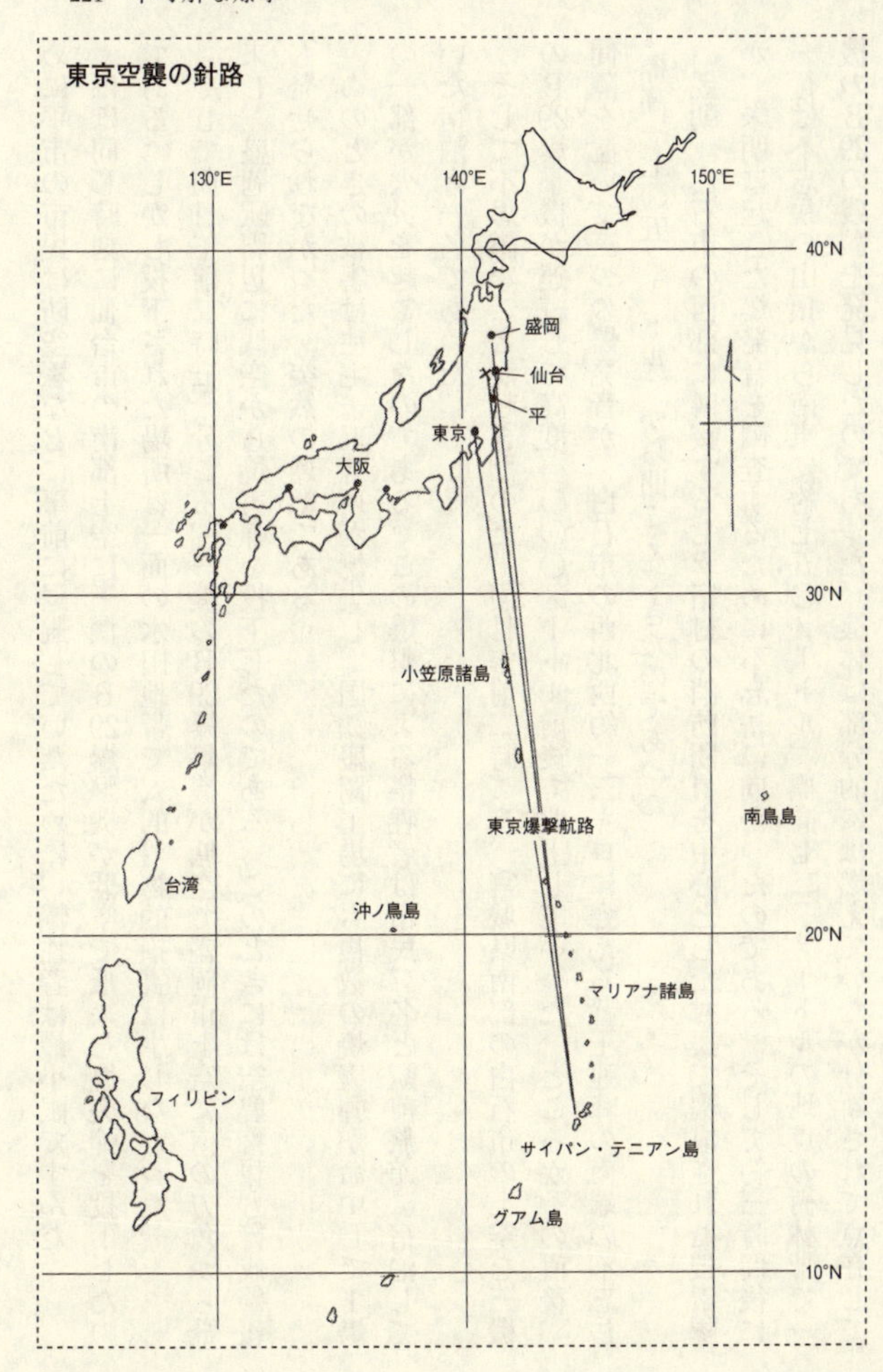
東京空襲の針路
130°E
140°E
150°E
40°N
30°N
20°N
10°N
盛岡
仙台
平
東京
大阪
小笠原諸島
東京爆撃航路
南鳥島
台湾
沖ノ鳥島
マリアナ諸島
フィリピン
サイパン・テニアン島
グアム島

めに平市の市民は防空壕などに事前に退避していたために、犠牲者は最小限ですんだ。

ほぼ同じ時刻に仙台市の南部上空に一機のB29爆撃機が低空で飛来し焼夷弾を投下したのである。しかし投下された場所は一面の水田地帯で人的、物的損害は生じなかった。

そして同日午前二時三十分ごろ、一機のB29爆撃機が低空で盛岡市上空に南の方角から飛来し、盛岡駅周辺に低空から焼夷弾を投下したのである。このときには空襲警報も警戒警報も発せられなかった。突然の爆撃である。

このときの被害は住宅一五五戸が焼失し、国鉄盛岡工場にも複数の焼夷弾が命中して工場の一部が火災を起こしたのである。この爆撃による犠牲者は市民三名と駅前旅館に宿泊していた宿泊客一名であった。

そして不思議なことが起きたのだ。同日午前二時ごろ、宮城県南部の白石市の上空を三機のB29爆撃機が連続して高度一〇〇〇メートル前後で北上していった。ところがその直後、間隔を置いて三つの爆発音が、白石市の西北西約一三キロに聳える蔵王連峰の南端の不忘岳（標高一七〇五メートル）から聞こえてきたのであった。

翌朝、白石市の西部に隣接する七ヶ宿村の消防団員を中心とした村民で編成された捜索隊が、未明に起きた爆発音を調査するために不忘岳に向かったのである。そして約三時間後に一行は不忘岳の山頂から南東に約七五〇メートル、標高七二〇メートルの地点の樹林帯で一機のB29の残骸を発見したのであった。機体は部分的には燃えていたが分断されて点在して

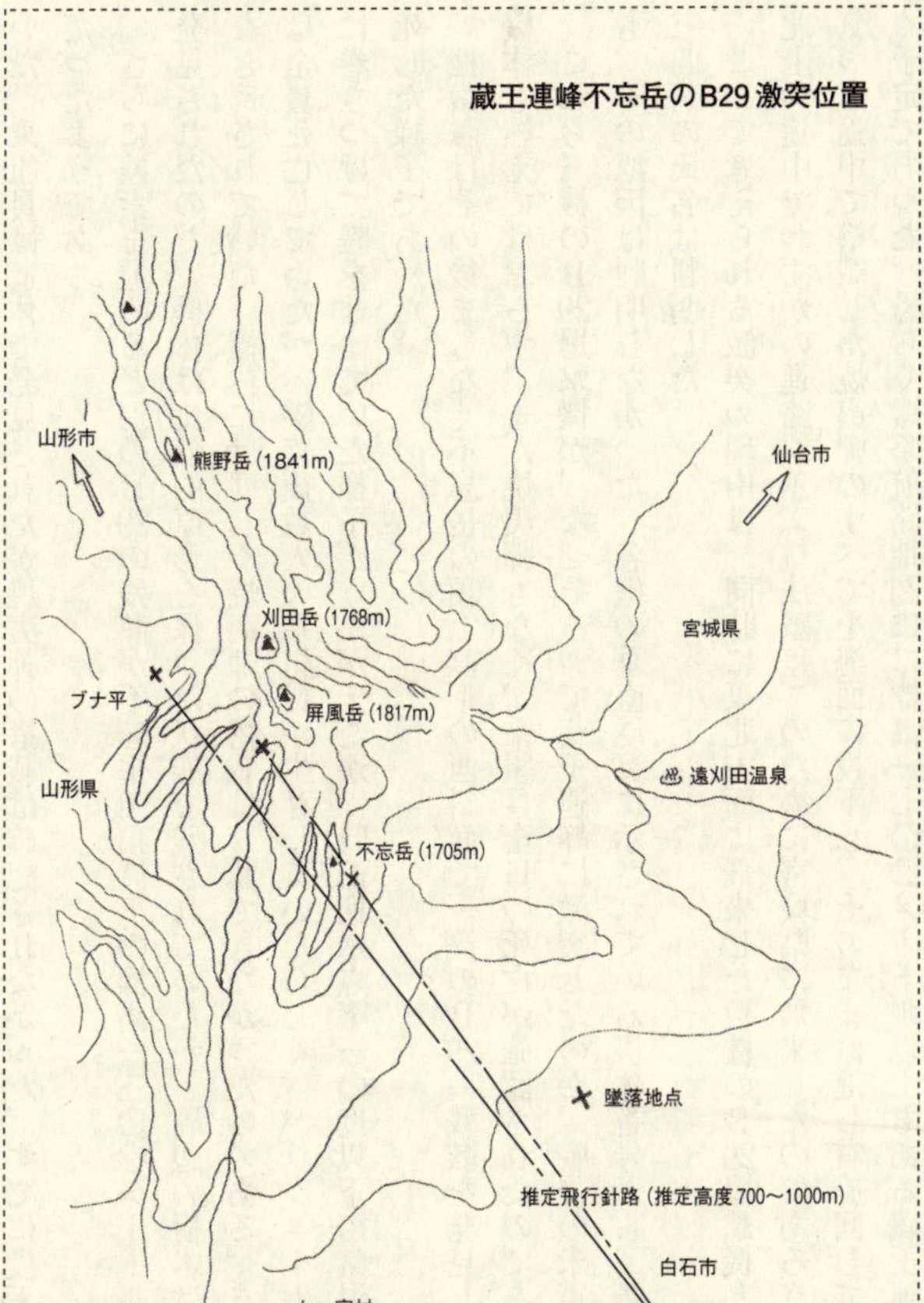

蔵王連峰不忘岳のB29激突位置

山形市
熊野岳（1841m）
仙台市
刈田岳（1768m）
宮城県
ブナ平
屏風岳（1817m）
山形県
遠刈田温泉
不忘岳（1705m）
墜落地点
推定飛行針路（推定高度700〜1000m）
白石市
七ヶ宿村

いた。乗組員は遺体で発見されたが焼夷弾の搭載は確認されなかった。すでに投下された後だったようである。

さらに捜索を進めると別のB29の残骸が不忘岳山頂直下の標高一三〇〇メートルの位置で発見されたのだ。機体は比較的原形を保った状態で残されていたが、周辺の樹木は大規模になぎ倒されていた。機体には同じく焼夷弾の搭載は確認できなかったのである。また乗組員は全員死亡していたが、墜落後数人の乗組員が生存していたらしく、パラシュートを開き体に巻きつけて暖をとっていた様子がうかがえたが、時節柄氷点下一〇度以下の気温の中で凍死した様子であった。

捜索隊はその後まもなく不忘岳の頂上直下の西斜面で一機のB29の残骸を発見した。この機体も燃えてはおらず、また焼夷弾もなく、乗組員全員の死亡が確認されたのである。

これら三機のB29爆撃機が、なぜそろって蔵王連峰に激突したのか、戦後の米軍の調査でも、その原因は判明しなかった。各機の垂直尾翼に示されている機体番号から、搭乗員合計三四名の氏名は判明した。

ここで考えられる激突の理由は、同時に東北方面に飛来した数機のB29爆撃機と同じく、北上の途中でわずかの進路誤差（航法誤差）のために宮城県に飛来したのであろう。誤りに気づき途中で搭載した焼夷弾のすべてを海面に投下し、そのまま直進し右旋回して帰路につく予定であった。恐らく爆撃航路地図には標高一七〇〇メートル以上もある蔵王連峰の記載はなく、まったくの誤認の中で三機すべてが山の斜面に激突してしまった、というのが真相のようである。

三月十日未明に東北地方に侵入した八機のB29については、戦後の米軍側の調査でもこのときの出撃は東京爆撃が目的であり、東北方面に対する爆撃計画はなかったとされている。すべてが片道二〇〇〇キロに達する目標一つない太平洋上を北進する際に生じた、各爆撃機の航法士のわずかな進路誤差が引き起こした偶発的な出来事であったと推定されるのである。

日本領土に不時着したアメリカ陸海軍最新鋭機

一九四五年（昭和二十年）に入りアメリカ軍の攻勢がいよいよ日本本土に接近して来るにつれ、アメリカ陸軍や海軍の航空機による日本本土内への攻撃の機会が急増してきた。それは当初はマリアナ基地からのボーイングB29爆撃機による本土各地に対する爆撃、そして二月以降は、本州沖に接近してきたアメリカ海軍機動部隊の艦載機による本土各地への攻撃となった。また硫黄島基地を出撃した長距離戦闘機、さらに沖縄を基地とするアメリカ陸軍航空隊の軽爆撃機や戦闘機による九州方面に対する攻撃と、日本本土に対するアメリカ軍の航空攻撃は頻繁となったのである。

これにともない日本側の対空射撃や防空戦闘機との空戦で撃墜される機体も増えたが、一方では被弾し日本本土に不時着（胴体着陸）する機体も増えてきたのであった。これら不時着機の中には完全な姿で胴体着陸し、日本側にその姿を初めてあらわにする機体も増えてきたのである。しかしこれらの機体を操縦していたパイロットにとっては、不時着し日本軍の捕虜となるなど、出撃時にはその運命を考えもしていなかった、まさかの事態が起きたことになり、これこそまさに悲運・不運の出撃となったのである。

次にこれら不運の不時着をした機体の幾つかについて紹介するが、その多くの機体は、日本側にとっては初めての実機見分と調査の機会となったのである。

その1、グラマンF6F艦上戦闘機

一九四五年一月四日、この日朝早くから台湾の全域がアメリカ海軍機動部隊の艦載機の攻撃を受けた。その中に軽空母搭載のグラマンTBM艦上攻撃機六機を援護する数機のグラマンF6F艦上戦闘機の編隊があった。この編隊は台湾中西部の虎尾(こび)海軍航空基地の攻撃に現われたのである。しかし基地を攻撃中にF6F戦闘機の一機のエンジンが不調となり、基地近郊の畑地に胴体着陸したのであった。

守備隊は直ちに捜索隊を派遣し、生存しているパイロットを確保し捕虜としたのだ。そして機体は基地隊員の手で簡単な調査は行なわれたが、本格的な調査のために人員を日本から台湾まで派遣する余力もなく、また機体を日本まで送り込む手立てもなかった。機体はその後付近の神社の境内で一般に展示されていたが、その後の消息は不明となった。

機体はF6Fの最新型の5型であった。本機はそれまで日本機が苦闘を強いられていたこともあり、当該機体を詳細に見分し調査する機会は初めてであったはずであるが、戦局が切迫した中ではそれも不可能となったのであった。

なおグラマンF6F－5艦上戦闘機については他にも不時着の事例があった。一九四五年二月十六日、十七日の両日にわたり、関東一帯の日本陸海軍航空基地はアメリカ海軍機動部隊の艦載機による攻撃を受けた。飛来した艦載機の総数は八〇〇機を優に超えていたが、このときこれら艦載機のなかには、迎撃した日本の戦闘機や地上砲火によって撃墜されたものがあった。そしてわずかだが、被弾して畑地などに胴体着陸した機体が存在した。その中にはグラマンF6F艦上戦闘機も含まれていたが、その実態は不明である。ただ少なくとも一機が鹵獲され海軍横浜航空隊基地内（追浜基地）に保管されていた事実がある。恐らくこの機体は日本海軍の手で詳細な調査が行なわれたと思われるが、その結果がどのようなものであったのかは不明のままである。

その2、ヴォートF4Uコルセア艦上戦闘機

一九四五年三月十八日早朝、九州南部はアメリカ海軍機動部隊の艦載機の襲撃を受けた。来襲した敵機の述べ機数は九〇〇機に達したとされている。この攻撃は沖縄上陸作戦に関わる前哨戦で、後方基地となる南九州方面のすべての航空基地を攻撃し、日本側の航空戦力の弱体化を図ろうとしたものであった。しかしこの日の南九州方面は天候が優れず、攻撃隊の

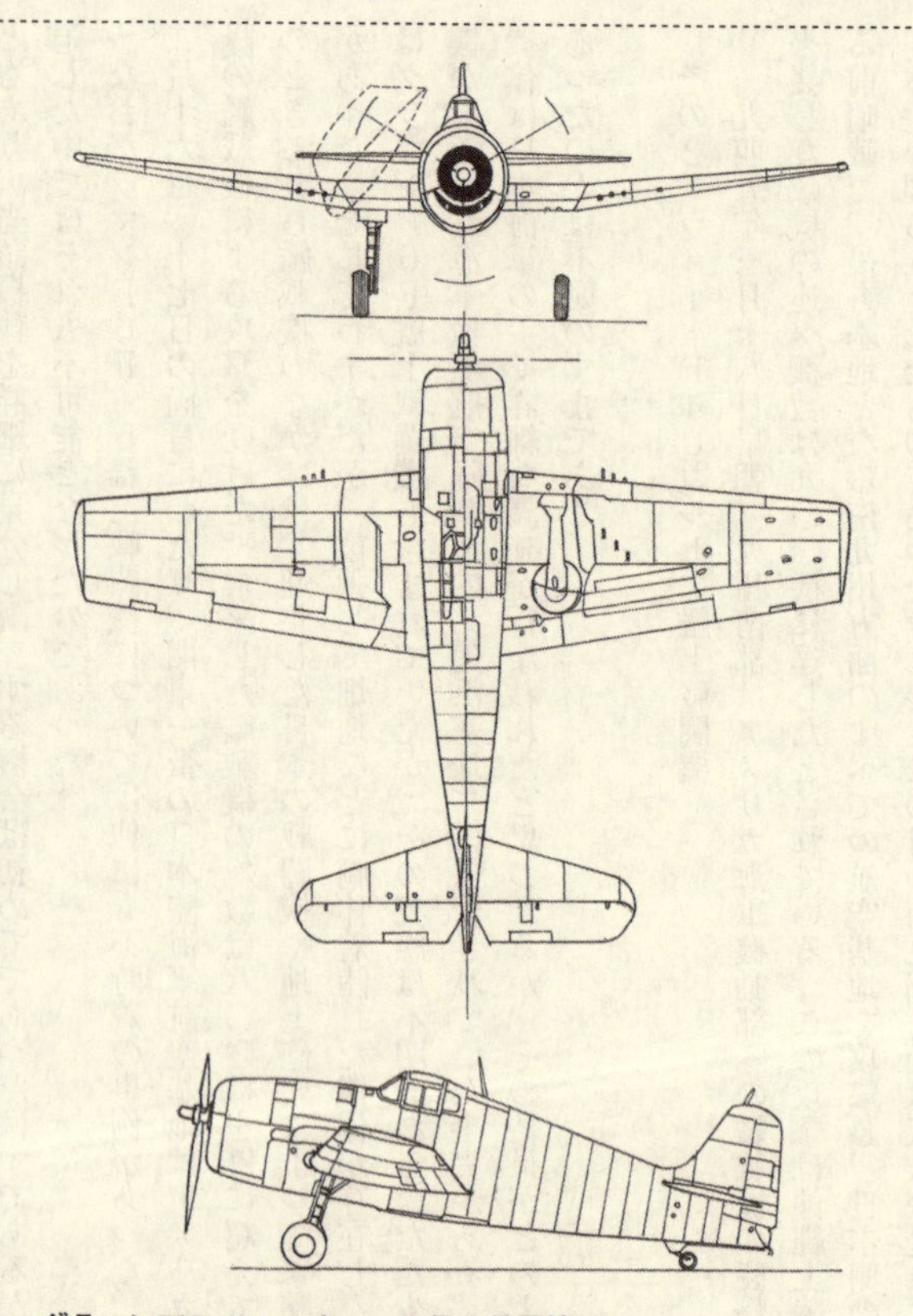

グラマンF6F - 5ヘルキャット艦上戦闘機
全幅：13.0m　全長：10.2m　自重：4180kg　エンジン：P&W2800・10W空冷18気筒　最大出力：2200馬力　最高速度：612㎞／h　上昇限度：11530m　航続距離：1750㎞(正規)

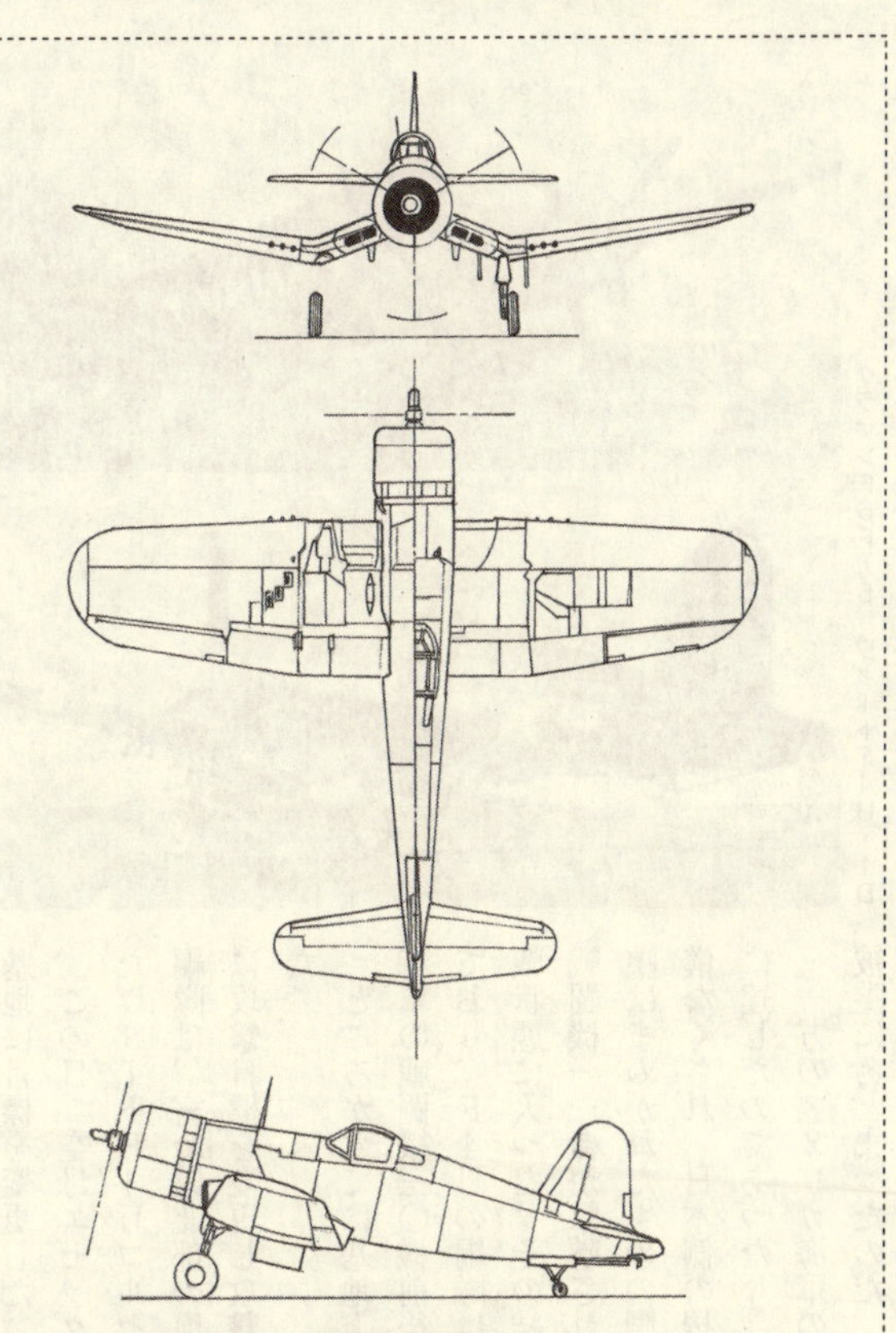

ヴォートF4U－1Dコルセア艦上戦闘機
全幅：12.4m　全長：9.8m　自重：4050kg　エンジン：P&W・R2800-8空冷18気筒　最大出力：2000馬力　最高速度：635㎞／h　上昇限度：11700m　航続距離：3560㎞（最大）

グラマンF6F－5、ヴォートF4U－1D

多くは九州中部から北部方面の航空基地に目標を変更した。

この日、空母エセックスを出撃したヴォートF4Uコルセア一六機の編隊は、宮崎県北部の海軍富高基地に攻撃目標を変更し攻撃態勢に入った。

ところがすでに基地上空には日本海軍の戦闘機三〇機前後が待ち構えており、F4Uの編隊はたちまち空戦状態に入った。その結果、日本の戦闘機一一機が撃墜され、四機が撃墜はまぬかれたものの胴体着陸を余儀なくされ、日本側の損害は一五機に達したのであった。

一方のアメリカ海軍の損害は二機被墜にとどまったのだ。撃墜された一機は海上に不時着し、一機は宮崎県を南下し大隅半島に向かったが、途中で力尽き海軍笠ノ原基地付近の畑に胴体着陸したのだ。

この機体はＦ４Ｕの最新型の１Ｄ型で、日本側がヴォートＦ４Ｕコルセア艦上戦闘機の完全な状態での確保はこのときが初めてであった。損傷程度は軽くプロペラは曲がったが、胴体下面の損傷は少なく機体の調査には十分な状態であったのだ。

しかしこの機体が、その後どのように取り扱われたかは一切不明である。戦争末期の混乱した状況の中、空技廠からも調査員が派遣されたであろうが、詳細は不明のままとなった。

その3、リパブリックＰ47サンダーボルト戦闘機

リパブリックＰ47サンダーボルト戦闘機は一九四三年四月ごろよりニューギニア東部戦線に現われ、日本陸軍の一式戦闘機「隼」や、後には三式戦闘機「飛燕」などとも空戦を交えている。重量級戦闘機であるが一二・七ミリ機関銃八梃を装備するこの機体は、排気タービンを搭載し高空性能に優れ、日本機にとっては極めて手ごわい相手であった。しかし本戦闘機が登場する戦域が限定されていたために実機を調査する機会はなく、実態については日本側には不明だったのである。

米軍のフィリピン・ルソン島の攻略がほぼ終結した一九四五年二月後半頃には、Ｐ47サンダーボルト戦闘機部隊がルソン島北部に展開し、その強力な攻撃力を活かし台湾方面への航

空攻撃を展開してきたのであった。

二月二十七日、台湾中部方面にサンダーボルトの編隊が来襲し、点在する航空基地や地上施設に対する猛烈な銃撃を行なったのである。この日、台湾中北部の陸軍豊原航空基地を襲撃したサンダーボルトの編隊を、陸軍航空隊の数機の四式戦闘機「疾風」が迎撃し空中戦が展開されたのであった。そして一機のＰ47が「疾風」の射弾を浴びエンジン部分に被弾し、機体は付近の畑地に不時着したのである。

胴体着陸したのはＰ47Ｄ型で、キャノピーが全周視界式のドロップフードを装備した最新型の機体であった。日本側が完全な姿のサンダーボルトを入手したのは、このときが初めてであった。本機の胴体下面には日本側が最も入手したかった高空飛行には欠かせない排気タービンが装備されているのである。

このときまでにも日本本土上空では多くのボーイングＢ29爆撃機が撃墜されている。Ｂ29のエンジンにはすべて排気タービンが搭載されているが、撃墜された機体から完全な姿のものを回収することは不可能であったのである。この絶好の機会を日本側がどのように扱ったのか、すでに戦争末期の混乱状態の中、回収されたとしてもそれを参考にして日本の排気タービン技術を促進させることができたのか否か、まったく不明である。この機体がその後どのように処理されたのかも不明である。

その4、ノースアメリカンP51マスタング戦闘機

一九四五年二月に硫黄島をアメリカ軍が占領すると、同地の日本海軍が造成した航空基地を拡大・整備し、大規模な航空基地を構築した。目的はサイパン・テニアン両島から日本本土空襲に向かうボーイングB29爆撃機の援護をする、ノースアメリカンP51長距離戦闘機のための基地であると同時に、日本攻撃で損傷したB29爆撃機の帰途の不時着飛行場の役割を果たすものでもあった。

硫黄島基地には三月に入りアメリカ本国から護衛空母に搭載されたノースアメリカンP51戦闘機が次々と到着していた。そして四月七日のB29による東京爆撃に際し、初めてP51戦闘機が長駆関東地方まで飛来したのであった。

P51戦闘機の援護は、B29を迎撃する日本陸海軍の戦闘機隊にとっては大きな負担となったのであった。日本の迎撃戦闘機のパイロットはほとんどは重爆撃機に対する攻撃方法には慣れていたが、対戦闘機戦闘にはまったくの不慣れであったのである。以後日本側の迎撃戦闘機にとって援護戦闘機のP51の存在は大きな障害となったのであった。

P51戦闘機は極めて優れた性能を有しており、この戦闘機と対空中戦を交えることは、練度の低い当時の日本の陸海軍パイロットにとっては大きな負担となっていた。

じつは一九四五年二月、中国駐留のアメリカ戦闘機隊のノースアメリカンP51C型が、エンジンに不調をきたし、漢口付近に胴体着陸するという事件が起きたのである。このとき知

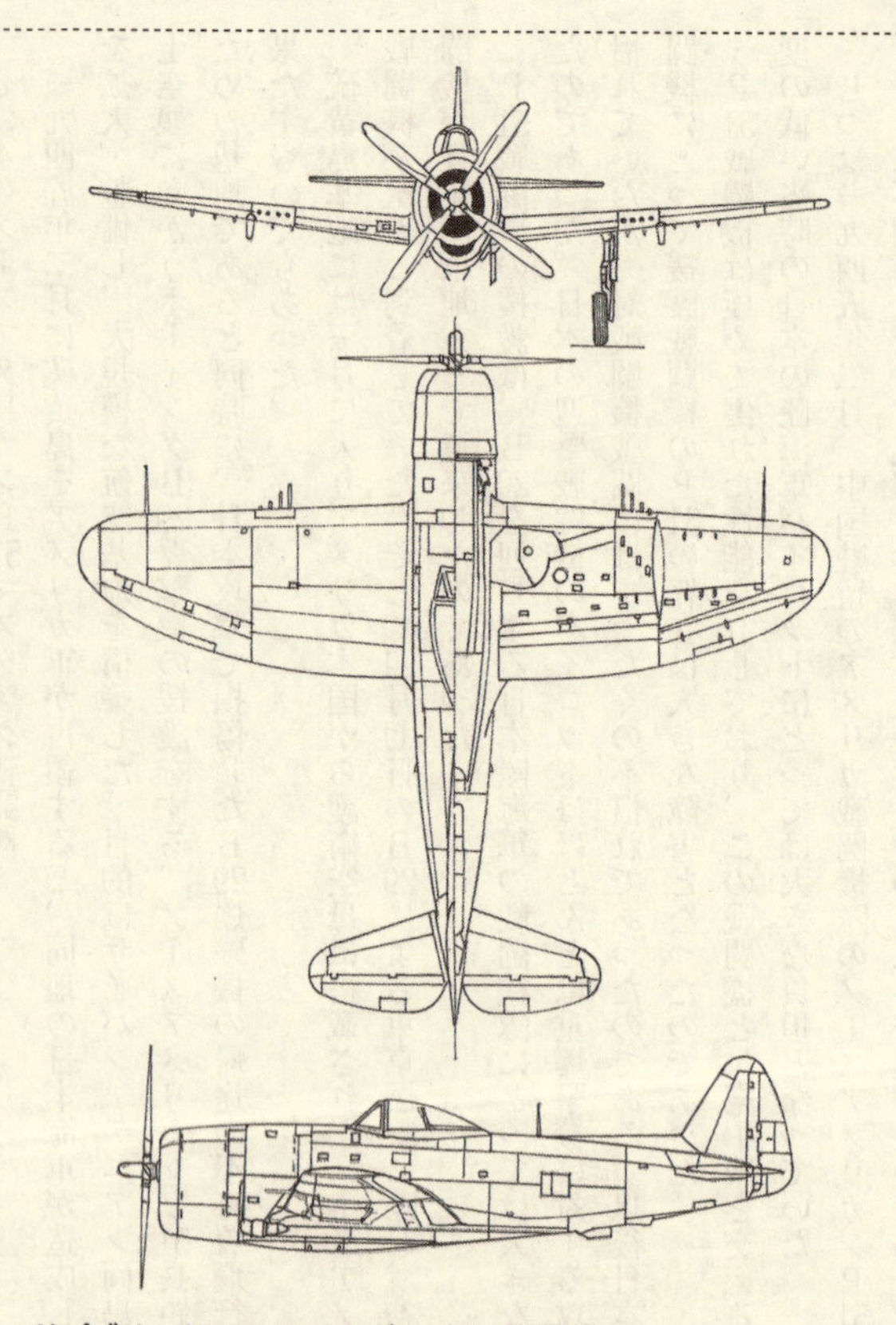

リパブリックP47 - Dサンダーボルト戦闘機

全幅：12.4m　全長：11.0m　自重：4540kg　エンジン：P&W・R2800 - 59空冷18気筒　最大出力：2300馬力　最高速度：690km／h　上昇限度：12800m　航続距離：2740km(最大)

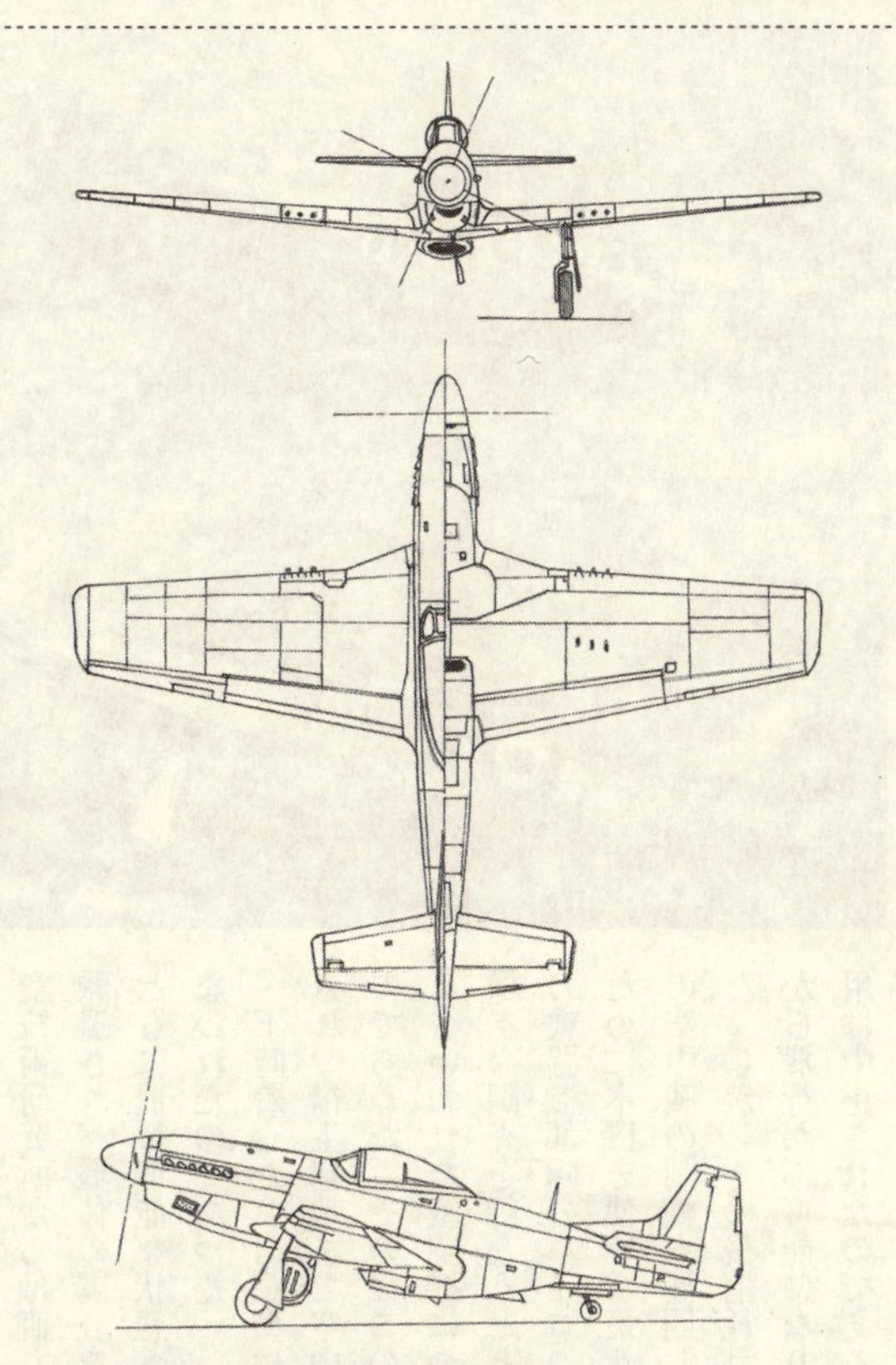

ノースアメリカンP51Dマスタング戦闘機

全幅：11.3m　全長：9.85m　自重：3235kg　エンジン：パッカード・マーリンV1670-7液冷V12気筒　最大出力：1720馬力　最高速度：704㎞／h　上昇限度：12800m　航続距離：3700㎞(最大)

リパブリックP47D、ノースアメリカンP51D

らせを受けた立川基地にある陸軍航空技術研究所からは直ちに調査員が派遣され、機体の調査を実施するとともに飛行可能な状態への修理が行なわれたのであった。

不時着したP51C型は完全に修復され、福生基地まで空中空輸されたのであった。その後この世界最優秀ともいわれた戦闘機について陸軍は様々な調査を行なうとともに、日本の戦闘機部隊のパイロットの訓練のために本機を使い、最新型の敵機との空中戦の訓練も展開したのであった。しかしその後消耗品の不足などから飛行が不可能になり、以後の運用は中止されたのである。ただこのときの経験からP51戦闘機が日本の戦闘機にとっては容易ならざる相手であることが再確認されたのであった。

　このとき鹵獲されたP51C型は性能的にはD型と変わるところはなく、キャノピーが後部胴体と一体化したレイザーバック式であるのがC型で、全周視界式のドロップフード式であるのがD型の違いに過ぎなかった。

　終戦を一ヵ月後にした七月十五日、関東地方はP51戦闘機のみによる航空攻撃を受けた。P51戦闘機は低空に舞い降り、機銃掃射を繰り返したのである。このとき一機のP51が日本の戦闘機との空中戦で被弾し、千葉県東葛飾郡（現在のディズニーランド付近）の水田に胴体着陸したのであった。

　すでに戦局は末期の状態で、陸軍にも海軍にもこの貴重な不時着機を入念に調査する時間はなかったのであった。

青函連絡船全滅

太平洋戦争の勃発直後から日本軍部は一つの計画を進めていた。それは青函連絡航路の輸送力強化であった。その目的は北方警備にともなう軍隊および軍需物資の輸送力向上、そして今一つが北海道で産出される良質な石炭の、万一の事態に備えての海上輸送に代わる陸上輸送能力の強化であった。

この輸送力の強化はとりも直さず、多くの鉄道連絡船の建造とそれに見合った港湾設備の強化である。なかでも鉄道連絡船についてはとくに車両（主体は貨車）渡航船の多数建造が急務となるのである。

北海道と本州を結ぶ貨客の輸送には当然ながら船による沿岸航路の手段もあるが、開戦直後から頻発する本州沿岸沖でのアメリカ潜水艦による商船損失の増加は、船舶による北海道と本州間の輸送体系に関わる根本的な問題であり、より安全な青函航路を活用した人荷の輸送経路の強化が必要になってくるのであった。

この青函航路の輸送力の向上の目標は、年間最大輸送能力三〇〇万トンと試算されていた。

太平洋戦争勃発当時に青函航路に就役していた連絡船は、旅客と同時に貨車や客車を運ぶ貨客併用連絡船四隻と、貨車や客車および機関車を航送する車両専用渡船三隻（他に建造中一隻）であった。

貨客併用連絡船は鳳翔丸級に代表される、総トン数三四六〇トン、最高速力一六・九ノットの連絡船で、車両専用渡船は第三青函丸に代表される総トン数二七八七トン、最高速力一七・七ノットの連絡船であった。

これら七隻（他に一隻が建造中）による年間三〇〇万トンの貨物輸送は不可能であり、戦争勃発と同時に早速、戦時標準設計に基づいた急速建造型の車両渡船八隻（第五〜第十二青函丸：総トン数二八〇〇トン）の建造が開始されたのだ。なおこの八隻の車両渡船は終戦時までに六隻が完成し、続く二隻は戦後の完成となった。

青函連絡船の一九四五年（昭和二十年）七月当時の輸送能力は、旅客用連絡船（車両混載型）四隻と車両専用型連絡船八隻の体制で、かろうじて年間最大三〇〇万トンの輸送ができる状態であった。

一九四五年七月十四日未明、本州三陸のはるか沖合にアメリカ海軍の機動部隊が接近していた。機動部隊の戦力はエセックス級大型空母七隻とインデペンデンス級軽空母六隻で、合

青函連絡船松前丸、青函連絡船鳳翔丸、青函連絡船車両航送船

カーチスSB2C

計航空戦力は、艦上戦闘機、同攻撃機、同爆撃機など合計九二〇機であった。

これら一大航空戦力は、北海道南部から東北北部にかけての港湾施設と残存船舶の攻撃が目的であった。

七月十四日早朝、四隻の鳳翔丸級旅客・車両連絡船と八隻の車両連絡船は全船が海峡を航海中か函館と青森港に停泊中であった。

午前七時頃、函館港や青森港上空、さらに津軽海峡各所上空に十数機ずつの敵機の編隊が続々と現われたのである。

それはグラマンF6F艦上戦闘機、カーチスSB2C艦上爆撃機、そしてグラマンTBM艦上攻撃機の混成編隊であった。

艦上戦闘機はこの方面には日本の戦闘機が配備されていないことを承知らしく、主翼の下には六〜八発のロケット弾を搭載し攻撃機としての任務を帯び

津軽海峡における
青函連絡船の損害状況

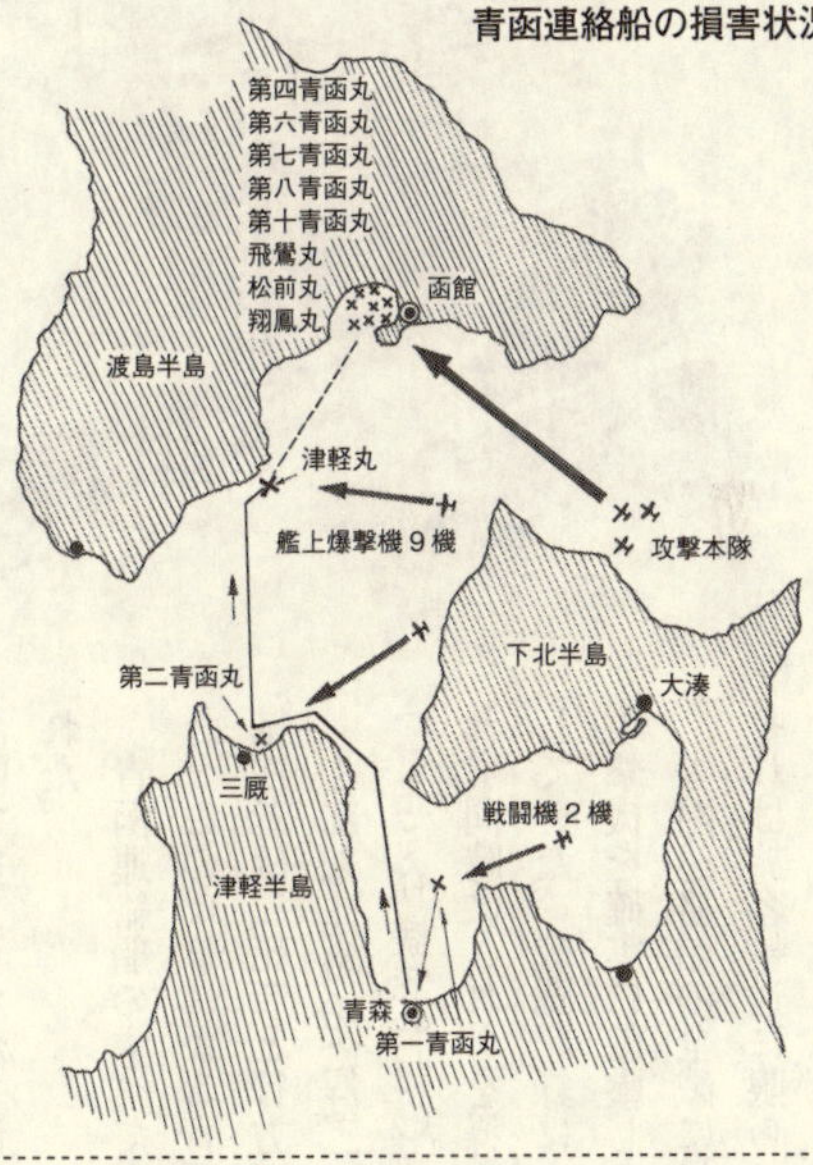

ていたようである。

第一群は合計一〇二機とされている。そして夕刻までに四〜五群が来襲したとされている。

この攻撃群は翌日も来襲し、主に港湾や残存船舶の攻撃を展開したのだ。

七月十四日の攻撃、とくに連絡船に対する攻撃は熾烈であった。鳳翔丸級貨客連絡船は四隻の中の三隻が複数の爆弾とロケット弾の命中を受け海峡横断中や泊地で撃沈され、松前丸は函館港沖で爆弾攻撃の後沈没を避けるために函館市の七重浜に座洲を試みたが、全船が炎上し全損に帰した。車両専用連絡船八隻は、五隻が爆弾やロケット弾の命中で沈没し、一隻は機関室への直撃弾の命中で運航不能となったが、沈没はまぬかれた。また二隻は爆弾とロケット弾の

米艦載機の攻撃をうける松前丸

命中で炎上したが、付近の海岸に擱座し沈没はまぬかれた。

青函連絡船のすべてが一日にして全滅したのであった。この攻撃による青函連絡船の乗組員と一部乗客の犠牲者は、死者と行方不明者合計三五二名に達した。

これら連絡船には一九四五年に入るころから機銃（一三ミリ機銃や二〇ミリ機関砲）が数梃ずつ配備され、同時にこれらを操作する陸軍船舶工兵隊員も乗船していた。戦闘記録によるとこの日の戦いで一機の敵攻撃機を確実に撃墜したとされている。

青函連絡船の全滅に対する対策は早かった。しかしそれは旅客輸送に限られたもので、関釜連絡航路や稚泊航路で運用していた連絡船（客船型）を緊急に回航させ、青函航路の旅客輸送のみは一時的な回復はみたが、車両（物資搭載）搭載連絡船が全損となったために、本格的な青函航路の回復は戦後を待たねばならなかったのである。

艦上攻撃機「流星」出撃す

日本海軍は一九四一年（昭和十六年）に、それまでの艦上爆撃機と艦上攻撃機の区分を統一し、雷撃と急降下爆撃が一機種で行なえる機体の検討を進めていた。海軍はこの開発を艦上爆撃機に豊富な経験を持つ愛知航空機社に依頼したのであった。そして同時にまったく新構想の高性能艦上攻撃機の試作を同社に命じたのである。

じつはこの艦上爆撃機と艦上攻撃機の機種統合の考えは、奇しくも同じ時期にアメリカ海軍でも課題となり検討が始まっていたのである。そこで試作され最終的に制式化された機体の一つにダグラスXBT2D艦上攻撃機がある。この機体が後の有名なダグラスADスカイレーダー攻撃機である。

新構想の艦上攻撃機（爆撃機）の開発を進めていた愛知航空機は、一九四二年十二月に十六試艦上攻撃機として社内呼称AM23試作機一機を送り出したのである。

艦上攻撃機「流星」

その後もこの機体の改良と試作が続けられ、一九四四年四月までに八機の増加試作機が試作され、同時に各種試験飛行が海軍により続けられたのだ。そして最終試作型を暫定的な量産機として生産を開始したのである。機体は艦上攻撃機B７A「流星」と呼称されることになった。

「流星」は全幅一四・四メートル、全長一一・五メートル、自重四六三〇キロ、最高時速五六七キロ、航続距離二七八〇キロ、武装二〇ミリ機銃二門、一三ミリ機銃一梃、爆弾または魚雷搭載量八〇〇キロと、それまでの「天山」艦上攻撃機と比較し格段に強力な機体となっていた。

そして本機の外観上の最大の特徴は、主翼に「逆ガル」構造が採用されていたことである。これは胴体下に爆弾倉が配置され主翼を中翼としたために、主脚が長くなることによる強度不足を補うための対策だったのである。

本機のエンジンは最大出力一八二五馬力の中島飛行機社開発の誉一二が搭載されたが、本エンジンは工作精度に極めて緻密かつ精密さが要求され、熟練工員の減少や必要工

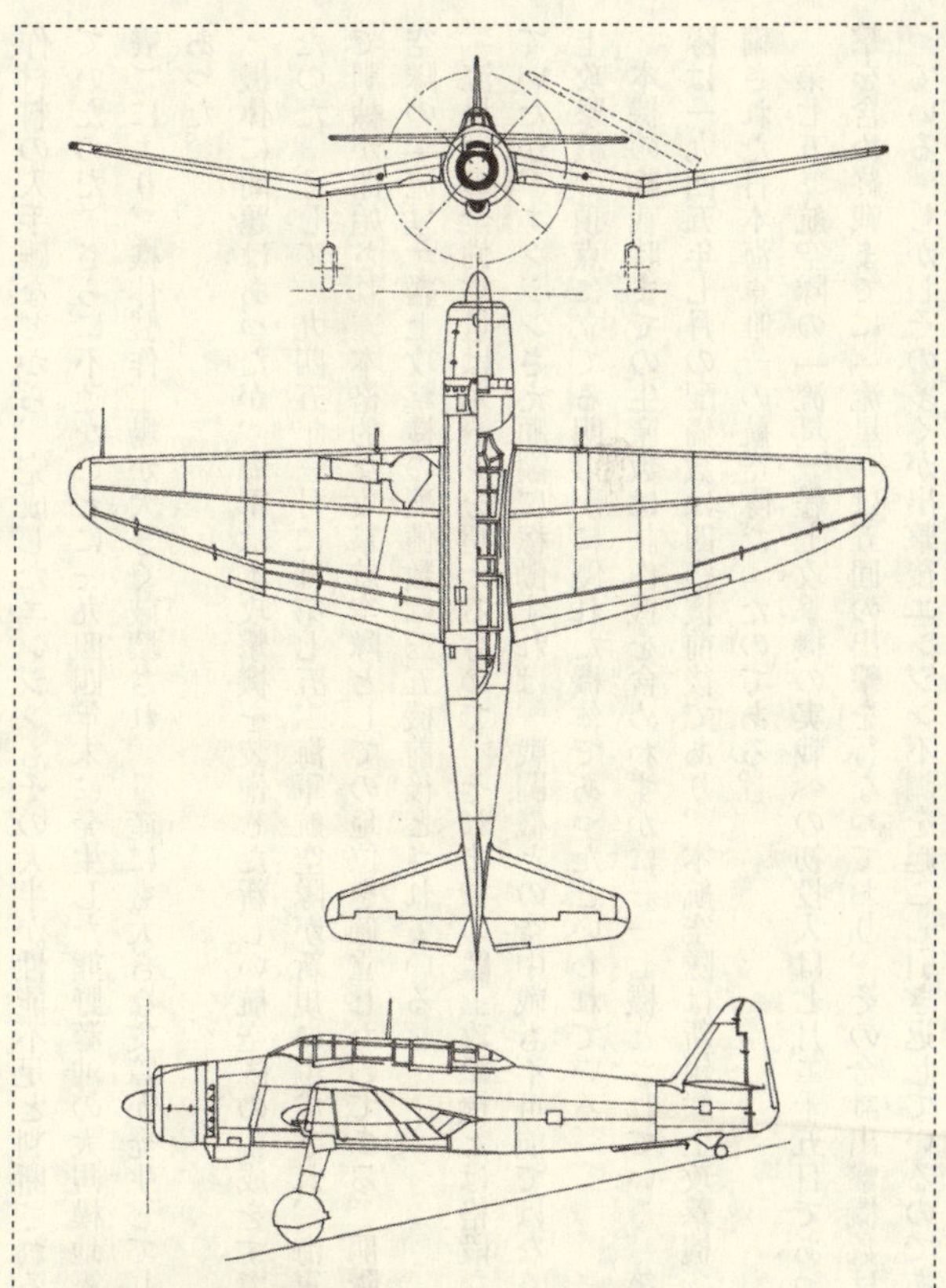

「流星」艦上攻撃機（B7A2）
全幅：14.40m　全長：11.54m　自重：3810kg　エンジン：誉一二空冷複列18気筒　最大出力：1825馬力　最高速度：566km／h　航続距離：3034km　爆弾搭載量：800kg　武装：20mm機銃×2、13mm機銃×1

作材料の入手難などから、完成したエンジンもその大半が性能不足と判断される状態になっていたのだ。さらに不運なことに一九四四年末に発生した熊野灘沖の大規模地震（東南海地震）により、機体製作工場が大きく破壊され、量産にも大きな支障が発生してしまったのであった。

機体に問題はあったが、海軍は本攻撃機を装備した新しい航空隊の編成をすでに進めていたのだ。そして一九四五年三月には第七五二海軍航空隊が新規に編成され、海軍木更津基地で訓練が開始され、本格的な攻撃航空隊としての地位を確立したのである。開隊当初の同航空隊の「流星」艦上攻撃機の配備数は三五機前後とされている。

「流星」の全備重量は六トンを超えるもので、それまでの艦上攻撃機とは格段な違いを見せていたが、エンジンさえ順調に稼働すれば、戦闘機との空中戦も不可能ではなく、世界の艦上攻撃機の頂点に立てる明らかに優れた機体であったといわれている。

本機の終戦時までの生産数は試作機を含めわずかに一一七機とされている。第七五二航空隊は一九四五年七月の配備数は四〇機前後であり、本航空隊は新鋭艦上攻撃機「流星」を配備された日本海軍唯一の航空隊だったのである。

第七五二航空隊の「流星」艦上攻撃機の実戦への初投入は七月二十五日であった。この出撃を含め終戦までに「流星」は五回の出撃を行なっており、その合計出撃機数は三三機となっている。しかしその多くが出撃後エンジン不調を起こし引き返しているのである。

最初の出撃は七月二十五日であるが、これは本州沖に現われたイギリス海軍極東艦隊の四隻の大型航空母艦からなる機動部隊攻撃のためであった。このときの「流星」の出撃機数は一二機で、半数が爆装で半数が雷装とされている。しかし出撃後四機がエンジン不調で引き返し、実際に攻撃に向かったのは八機とされている。なおこの攻撃に護衛の戦闘機が随伴したという記録はない。

攻撃に向かった八機は日没時に紀伊半島の大王岬沖で敵機動部隊を発見したが、迎撃にきた敵戦闘機に攻撃され四機が未帰還となり、四機が木更津基地に帰投している。戦果はなかった。

第二回目の出撃は八月四日で、四機が出撃し全機未帰還となっている。第三回目の出撃は八月九日で、伊豆半島はるか沖合を遊弋するアメリカ海軍の機動部隊攻撃に向かっている。このときは一二機が出撃したが六機がエンジン不調で引き返し、六機が攻撃を行なっているが、それは実質的な特攻攻撃で、護衛戦闘機の随伴の記録はない。このときの攻撃隊には海軍の特攻隊の呼称のひとつである御盾隊の名が使われている。そしてこの攻撃では確実な戦果を挙げているのである。

機動部隊の前衛の駆逐艦一隻（アレン・M・サムナー級駆逐艦ボリー／DD704）に一機の「流星」攻撃機が突入し、同艦は沈没はまぬかれたが航行不能のダメージを受けたとされている。この戦果が「流星」が挙げた唯一のものである。

第四回目の出撃は八月十三日で、房総半島の沖合を遊弋するアメリカ海軍機動部隊に対する四機による攻撃であるが、実質的な特攻攻撃であった。全機未帰還で戦果は不明である。

最後の第五回目の出撃は終戦当日の八月十五日午前の出撃である。同じく房総半島沖に遊弋するアメリカまたはイギリス海軍機動部隊に対する特攻攻撃であるが、出撃機数はわずかに一機のみであった。戦果は不明であり、これが日本海軍最後の特攻攻撃となったのである。

高性能の艦上攻撃機「流星」も、その能力が発揮されるべき戦いに投入されたことは一度もなく、特攻攻撃という悲劇の中に消えたのである。第七五二航空隊に配備された四〇機以上の「流星」は、その半数以上を失うことになった。

サイパン・テニアン基地を撃滅せよ

日本陸軍は一九四四年十月頃から始まった、マリアナ基地への超重爆撃機ボーイングB29の進出に対し、その対応策は研究していた。その答えの一つが、試作が進められていた遠距離爆撃機キ74によるサイパン（サイパン島およびテニアン島）基地の爆撃であった。本機は立川飛行機社の開発による双発爆撃機で、基本構造は同社が一九四二年十月に完成させた長距離機（キ77）を基本にして開発した、成層圏飛行を可能とする長距離爆撃機であった。

キ74は二〇〇〇馬力級エンジン二基を搭載した全幅二七メートルの機体で、与圧装置が設けられて高々度飛行を可能にし、爆弾搭載量は最大一トンであった。計画性能は高度八〇〇〇メートルで巡航時速四〇〇キロを出し、航続距離は八〇〇〇キロとなっていた。陸軍は本機のこの性能を駆使し、当初はアメリカへの片道爆撃も計画していたのである。

しかし本機の開発に大きく立ち塞がったのが、高々度用エンジンには不可欠の排気タービ

試作長距離爆撃機キ74

ン装置の不調であった。このために本機の実用化計画は遅れ、一応の対策の目途がつき試作一号機が製作されたのは一九四四年三月であった。

その後改良が施された増加試作機が造られたが、その数は一九四五年七月末で一二機であった。陸軍はこの増加試作機を使い九月一日を期して、マリアナ基地の爆撃を計画したのである。

じつは一九四五年に入り一機の本機試作機を利用し、高々度からのマリアナ基地（サイパン、テニアン両島）の偵察飛行を一回だけ行なっていたのである。

サイパン、テニアン両島のB29爆撃機用の基地は、両島が占領されて以来継続的に拡張工事が続けられており、一九四五年七月の両島の基地の規模は、当時の日本軍の常識を超えた規模にまで成長していたのであった。

サイパン島の北部には長さ二六〇〇メートル、幅六〇メートルの滑走路が二本、テニアン島の北部には同規模の滑走路が四本も完成し、この時点ですでに八〇〇機以上のB29爆撃

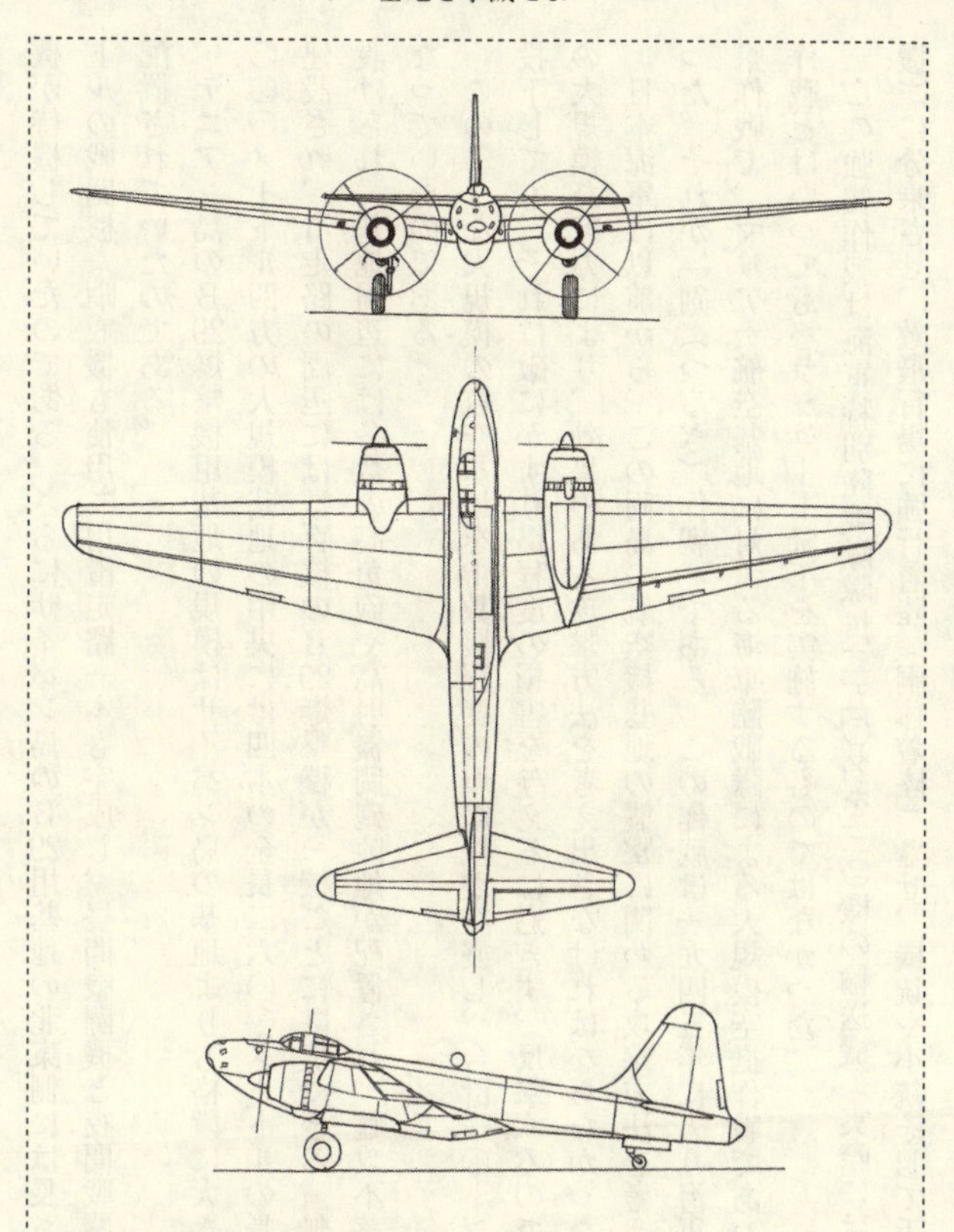

キ74長距離爆撃機

全幅：27.00m　全長：17.65m　自重：10200kg　エンジン：ハ104(排気タービン付) 空冷複列14気筒×2　最大出力：2000馬力　最高速度：570km／h　航続距離：8000km　爆弾搭載量：1000kg　武装：12.7mm機銃×1

機が待機していたのである。さらにサイパン島のB29用基地の北東側には長さ二〇〇〇メートルの戦闘機（哨戒機も使用）用滑走路一本も完成し、昼間戦闘機と夜間戦闘機の各大隊が配置されていたのである。

テニアン島のB29爆撃機用基地の規模はサイパン島の基地よりも格段に大きかった。約六〇〇〇メートル四方の大規模基地の中央には四本の全長二六〇〇メートルの長大な滑走路が建設され、滑走路の周辺には数百機のB29爆撃機が一機ごとに駐機できる、無数の駐機場が設けられ、基地周辺には多数の高角砲や高射機関砲陣地が配置され、難攻不落の航空基地となっていたのである。

このような大規模の航空基地を十数機程度の爆撃機が空襲し、合計一〇トン程度の爆弾を投下しても、それは敵にかすり傷程度の損害を与えるに過ぎず、反撃するのであればよほどの大規模な戦力により、効果のある攻撃方法を考え出さなければならなかったのである。日本海軍は以前から、この両島の航空機基地の襲撃に関わる攻撃方法を考えていたのであった。それが「剣（つるぎ）作戦」である。この作戦は一九四五年に入り海軍が提案した反撃作戦で、マリアナ航空基地に対する海軍陸戦隊による大規模空挺作戦であった。但し空挺作戦とはいってもパラシュート降下を実施するものではなかった。

この強襲作戦は海軍特別陸戦隊隊員二五〇名を三〇機の輸送機（実際には一式陸上攻撃機）に分乗させ、敵飛行場に強行着陸（胴体着陸）させ、機銃や小銃そして手榴弾や爆薬を携帯した空挺隊員と共に、各輸送機の搭乗員各五名（合計一五〇名）も地上戦闘に参加し、駐機しているB29の機体に爆薬を仕掛け爆破する、という計画だったのである。

じつはこの空挺隊員を輸送機（実際には爆撃機）に乗せ敵基地へ強襲着陸させて反撃しようという作戦は、すでに陸軍が一九四四年十月に実施していたのだ。この空挺強襲作戦は、

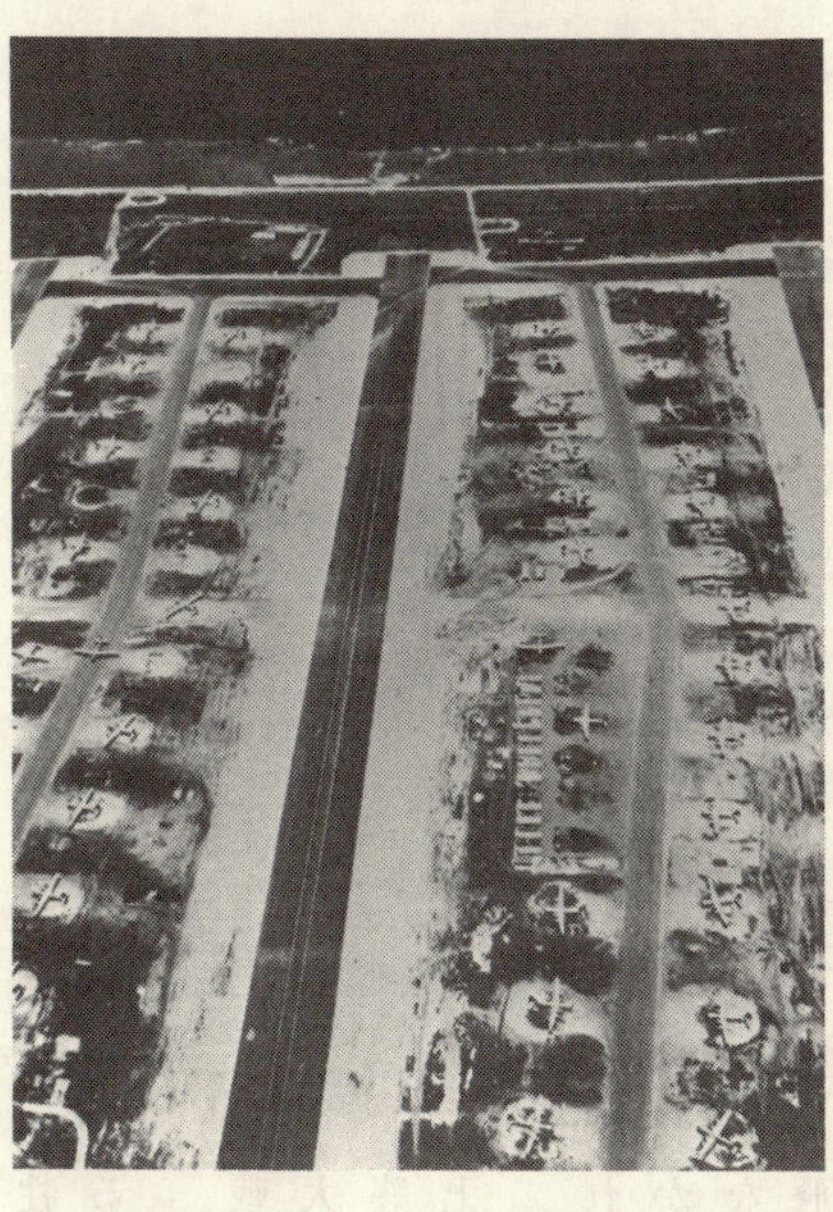

米軍占領後、B29の基地として整備されたテニアン島の飛行場

アメリカ陸軍航空隊の戦闘機および爆撃機の基地として整備が始まったレイテ島のタクロバン基地を中心に、爆撃機（百式重爆撃機「呑龍」）に空挺隊員を乗せ、パラシュート部隊と共に敵基地を強襲しようとするものであった。

また一九四五年五月には沖縄本島のアメリカ陸軍航空隊の読谷基地に数機の九七式重爆撃機に空挺隊員を乗せ、滑走路に強行着陸させ、基地を急襲する作戦が展開されたが、いずれの場合も多くの犠

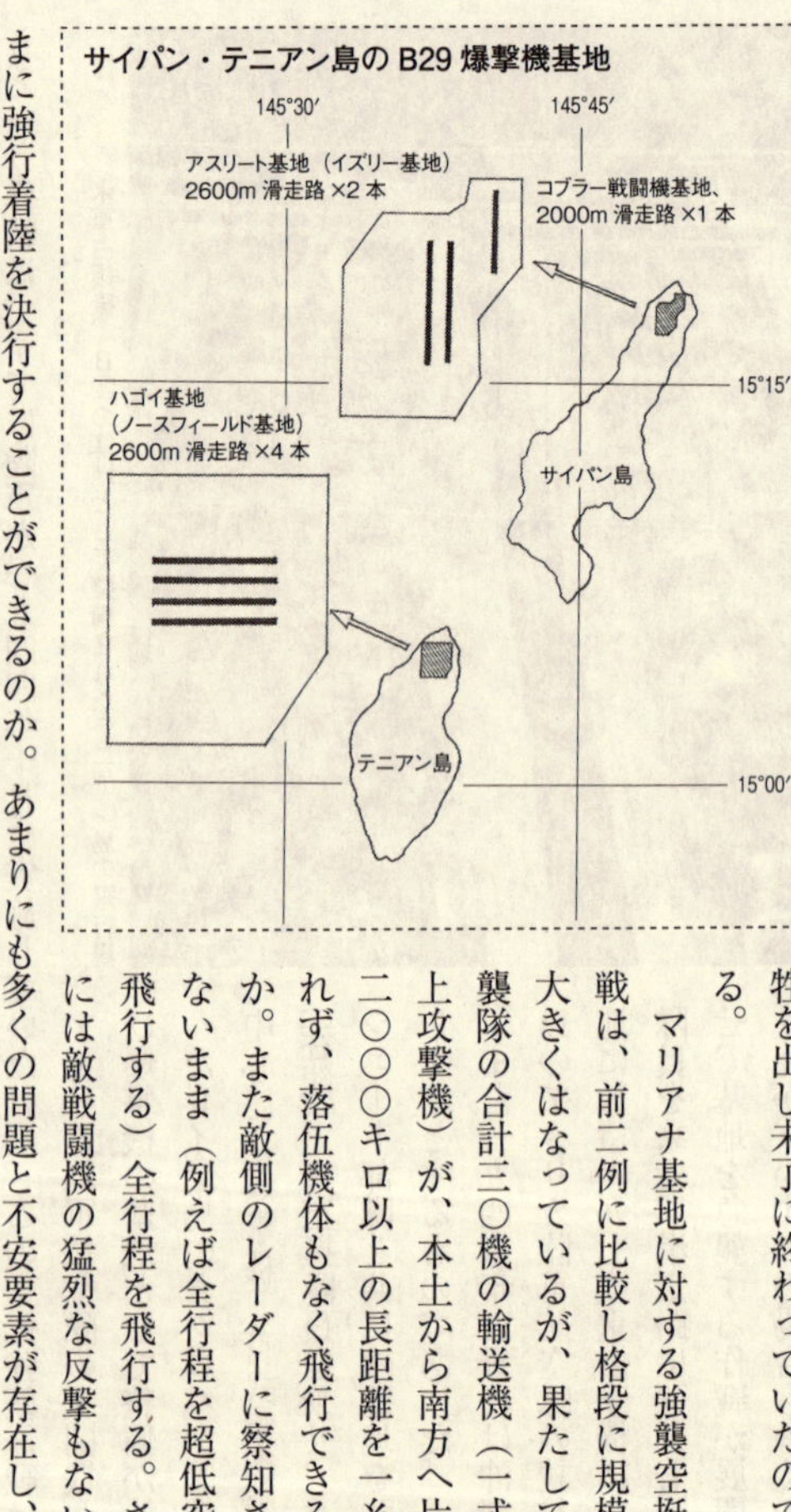

牲を出し未了に終わっていたのである。

マリアナ基地に対する強襲空挺作戦は、前二例に比較し格段に規模が大きくはなっているが、果たして急襲隊の合計三〇機の輸送機（一式陸上攻撃機）が、本土から南方へ片道二〇〇〇キロ以上の長距離を一糸乱れず、落伍機体もなく飛行できるのか。また敵側のレーダーに察知されないまま（例えば全行程を超低空で飛行する）全行程を飛行する。さらには敵戦闘機の猛烈な反撃もないままに強行着陸を決行することができるのか。あまりにも多くの問題と不安要素が存在し、作戦の実効性が疑われかねないものではあったのである。

日本海軍はこの作戦の実施を六月末として正式に採択したのであった。しかし作戦準備中の七月十四、十五日両日、東北北部方面へ実施されたアメリカ海軍機動部隊の大規模攻撃に

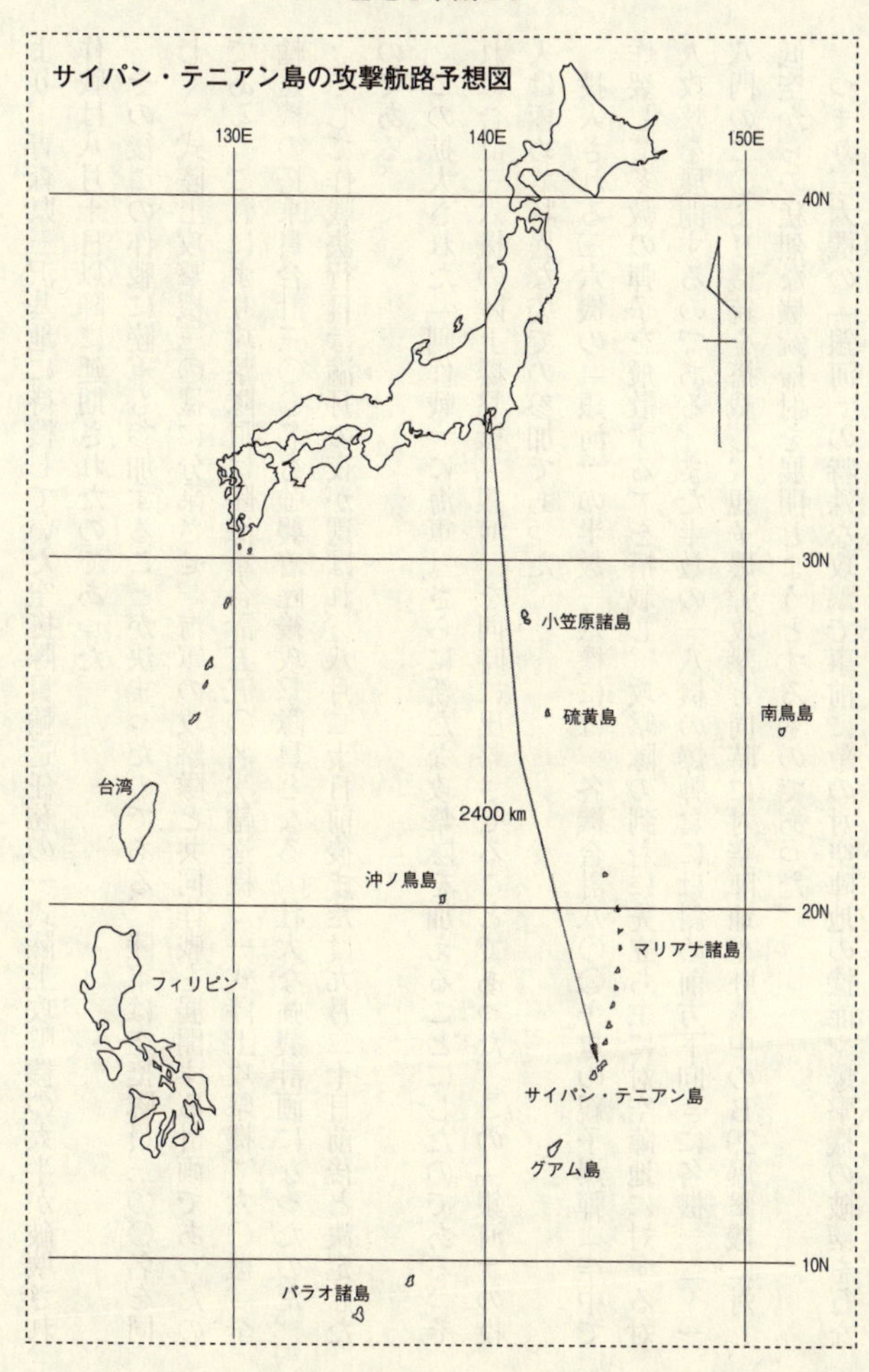
サイパン・テニアン島の攻撃航路予想図
130E
140E
150E
40N
30N
20N
10N
小笠原諸島
硫黄島
南鳥島
台湾
2400 ㎞
沖ノ鳥島
マリアナ諸島
フィリピン
サイパン・テニアン島
グアム島
パラオ諸島

より、青森県三沢基地に待機していた空挺隊員輸送任務の一式陸上攻撃機の大半が破壊され、作戦は八月十日以降に延期されたのであった。

その後この作戦に陸軍も参加することが決まったのである。陸軍は空挺隊員三〇〇名を同じく一式陸上攻撃機三〇機に分乗させ、海軍の攻撃隊と共同作戦を展開する計画であったのである。これにより攻撃隊員は陸海軍合計五五〇名、輸送機（一式陸上攻撃機）六〇機、全輸送機の搭乗員合計三〇〇名も強襲着陸後攻撃隊員となる、壮大な強襲計画になったのだ。

そして作戦決行日は満月の夜が選ばれ、八月二十日前後または九月二十日前後と決定したのである。

この拡大された「剣作戦」に海軍はさらに新たな攻撃隊を加えることにしたのである。それは合計三六機の陸上爆撃機「銀河」を同時に出撃させることであった。この「銀河」の投入は極めて特異な姿での参加であった。

投入される三六機の「銀河」の半数一八機には、各機合計八〇〇キロの親子爆弾（空中で炸裂して多数の弾子を飛散する）を搭載し、攻撃隊の到着に先立ち主に対空陣地に対する対人攻撃を展開するのである。また半数の一八機の爆弾倉には斜め前方下向きに各機一二〜一八門の二〇ミリ機銃を搭載し、親子爆弾攻撃と同時に対空陣地や駐機中のB29爆撃機に対し、低空からの猛烈な機銃掃射を展開しようとするものであった。

つまり三六機の「銀河」の特殊な攻撃で事前に敵の対空陣地の機能や爆撃機の破壊を行な

い、そこに強襲隊の六〇機の輸送機を突入（滑走路に強行胴体着陸）させようとするのであった。

この「銀河」爆撃隊の攻撃作戦は「烈作戦」と命名された。もともとこの「烈作戦」は別個に計画されたB29爆撃機の急襲破壊作戦であったが、「剣作戦」の延期により同時決行に変更されたものとなった。

しかし準備中の八月十五日に終戦を迎え、マリアナ基地強襲作戦は消滅したのだ。

ただ仮にこの作戦が決行されたとしても、数多くの問題点が残されたままであり、その成功率は限りなく低かったであろうと考えられるのである。その問題点は次のようなものである。

イ、攻撃隊員を輸送する六〇機の輸送機（一式陸上攻撃機）の大編隊による、前例のない片道二〇〇〇キロの長距離飛行。さらにほぼ同時に飛行する三六機の「銀河」攻撃隊を含めた、攻撃隊の飛行途中での米軍側による発見の確率が極めて高い。

ロ、発見されればサイパンおよびテニアン両島に配置された夜間戦闘機を含む多数の防空戦闘機、さらには途中の硫黄島を基地とする延べ一〇〇機を超えるP51長距離戦闘機による迎撃は必至。護衛戦闘機を持たない攻撃隊は途中で全滅する可能性が極めて高い。

ハ、仮に全輸送機がサイパンまたはテニアン基地に強行着陸したとしても、攻撃隊は二分しなければならず、攻撃力は半減する。さらに一ヵ所に全力攻撃をかけても、一六平方キロメートルにも達する広大な爆撃機基地の中で、事前の損害がなくとも、六〇〇名にも満たない攻撃隊員が有効な破壊活動を行なうことが可能であったか。両島には強力な米陸軍が守備にあたっていたのである。

二、仮に突入に成功し数十機のＢ29爆撃機の破壊に成功したとしても、一九四五年八月の両基地のＢ29爆撃機の総配備数は七〇〇機を超えており、アメリカ国内では続々とＢ29の量産が続けられていたのだ。マリアナ基地の攻撃戦力の激減を期待することなどはまったく不可能に等しく、決定的な攻撃作戦とはとうてい考えられない。

つまりこの強襲攻撃の成功率は限りなくゼロに近いもので、当時展開されていた特攻攻撃とまったく同じ発想の、感情論が先行した現実を顧みない理論性の裏付けを持たない、究極の悲劇的攻撃作戦であったと考えるのが妥当のようである。

あとがき

第二次世界大戦中に展開された爆撃・攻撃行の中には、それまでの航空作戦の思考法にはなかったような作戦が存在したことに驚かされる。戦争末期のドイツ空軍では日本と同様な「特攻攻撃」が誕生していたことは驚きである。そして特攻攻撃の究極の姿を実現させたのが日本の神雷攻撃であり、しかもこれを実行したことが驚異である。

究極の事態の中に置かれた将兵は、どのような勇気でその作戦に挑んだのであろうか。確実に危険が待ち受けていることが分かっている、シュヴァインフルトやレーゲンスブルク爆撃に出撃した爆撃機の数千人の搭乗員たちは、数時間後に確実に起きるであろう現実をどのように考えていたのであろうか。

みずからの命も顧みず同胞の危急を救うために参加し、その大部分が命を落とした二五〇人以上のポーランド人爆撃機搭乗員たちの勇気には頭が下がる思いである。その一方では、太平洋戦争末期に計画された日本陸海軍航空部隊によるマリアナ基地攻撃計画は、どのように考えても成功の確率は限りなくゼロに近いものと考えられる。仮に成功したとしてもそれは単に作戦成功という一時的なもので、戦局には何ら影響するものではないのだ。しかしこれを実行しようとする軍上層部の思考はいかようになっていたのであろうか。複雑な思いが去来する。

その一方では、イギリス空軍によるドイツのルールダム群の攻撃は、極めて危険をともなう攻撃ではあるが、それを決行するためには事前に周到な計画(爆破効果の理論計算まで行なわれていた)がたてられ、その効果を実験で実証するという手段まで講じられているのである。まさに爆撃作戦の手本のような攻撃である。

ドーリットル爆撃は考え方によっては確実に一つの「博打」である。しかしそれをあえて実行し、それに積極的に参加する爆撃機搭乗員の姿にはただただ驚くほかはない。

戦争末期に日本の宮城県内の蔵王山で起きたB29重爆撃機の同時激突事件は、現在では地元でも知る人はほとんどいない。なぜこのような不可解な事件が起きたのか。当時の米軍側にも詳細な記録はなく、暗夜の中のわずか一～二度の進路の誤差が生じた悲劇と考えることはできるが、その原因は永遠の謎である。

本書の中には、すでに出版されている『ドイツ本土戦略爆撃』に取り上げた悲劇的な爆撃の事例が数例含まれているが、これは第二次大戦中の劇的な航空作戦には欠かすことのできない題材であり、あえて取り上げることにしたので、ご了解いただきたい。

最後に、本書では攻撃する側、される側の勇気と悲壮を紹介してあるが、これらの作戦に参加した搭乗員たちの勇気を称えたく思うしだいである。

NF文庫書き下ろし作品

NF文庫

恐るべき爆撃

二〇一九年八月二十三日　第一刷発行

著　者　大内建二
発行者　皆川豪志
発行所　株式会社　潮書房光人新社
〒100-8077　東京都千代田区大手町一-七-二
電話／〇三-六二八一-九八九一(代)
印刷・製本　凸版印刷株式会社
定価はカバーに表示してあります
乱丁・落丁のものはお取りかえ致します。本文は中性紙を使用

ISBN978-4-7698-3129-7　C0195
http://www.kojinsha.co.jp

NF文庫

刊行のことば

第二次世界大戦の戦火が熄んで五〇年——その間、小社は夥しい数の戦争の記録を渉猟し、発掘し、常に公正なる立場を貫いて書誌とし、大方の絶讃を博して今日に及ぶが、その源は、散華された世代への熱き思い入れであり、同時に、その記録を誌して平和の礎とし、後世に伝えんとするにある。

小社の出版物は、戦記、伝記、文学、エッセイ、写真集、その他、すでに一、〇〇〇点を越え、加えて戦後五〇年になんなんとするを契機として、「光人社NF（ノンフィクション）文庫」を創刊して、読者諸賢の熱烈要望におこたえする次第である。人生のバイブルとして、心弱きときの活性の糧として、散華の世代からの感動の肉声に、あなたもぜひ、耳を傾けて下さい。